Cuadernos de Biología

Las plantas y la temperatura

James Sutcliffe *D. Sc., Ph. D., F. I. Biol.*

Profesor de Fisiología Vegetal,
Universidad de Sussex

EDICIONES OMEGA, S. A. - Casanova, 220 - Barcelona-36

La edición original de esta obra ha sido publicada en inglés por la editorial Edward Arnold (Publishers) Ltd., de Londres con el título

PLANTS AND TEMPERATURE

Traducido por

RAMÓN MARGALEF MIR
Licenciado en Ciencias Biológicas

ISBN: 84-282-0527-2

Depósito legal: B. 44777 - 1978

Printed in Spain

Imprenta Juvenil, S. A. - Maracaibo, 11 - Barcelona-30

Prefacio general a la serie

Ya no es posible que un libro de texto abarque el campo completo de la Biología y, al mismo tiempo, se mantenga suficientemente al día. También ocurre que los estudiantes de grado medio, y especialmente aquellos que se hallan en los primeros años de universidad, difícilmente pueden tener tiempo o disponer de las facilidades necesarias para consultar un gran número de textos superiores y de trabajos originales. Sin embargo, es muy importante para los estudiantes estar al día en su perspectiva biológica y estar enterados de las direcciones en las que se producen los avances más importantes.

El Biological Education Committee, establecido conjuntamente por la Royal Society y el Institute of Biology, patrocina, por dicho motivo, la producción de una serie de pequeños libros que versan sobre aquellos temas biológicos concretos en los que los progresos recientes han sido más rápidos e importante.

Los trabajos están escritos por reconocidos expertos en su respectivas especialidades, que no sólo se interesan por el tema, sino también por su manera en que éste es presentado a los futuros biólogos como parte de su formación científica. Los textos de esta serie indican los métodos empleados en la dilucidación de los problemas de los que tratan y sugieren trabajos prácticos para el estudiante, que han de servirle para familiarizarse con las técnicas modernas y con los métodos, constiyendo así una firme base científica para su comprensión.

INSTITUTE OF BIOLOGY
41 Queen's Gate
London, S. W. 7

PROLOGO

La temperatura es uno de los factores más importantes que controlan la distribución de los vegetales a escala mundial, y tiene también un efecto muy importante en la producción de cosechas como ha sido ilustrado recientemente en las desastrosas consecuencias de las duras heladas del junio de 1975 en la producción de café en Brasil.

Vista esta importancia, me parece que es insuficiente el énfasis que se da en los cursos escolares y universitarios sobre el efecto de la temperatura en los vegetales; esta monografía es un intento para estimular un mayor interés en la materia. No conozco de otro lugar en que la información recogida aquí se resuma convenientemente, y espero que mi estudio será útil para estudiantes y profesores. Falta todavía mucho por aprender sobre la influencia de la temperatura en el crecimiento de las plantas y desarrollo, e incluso un simple experimento puede proporcionar inesperados e interesantes resultados.

Debo agradecer al *Biological Education Committee* del *Institute of Biology* por la paciencia con que han esperado mi demorado manuscrito; a gran número de personas que me han cedido información; a Miss N. Browning y Mrs. B. Kilner quienes pasaron a máquina el manuscrito; a Messrs Fisons Ltd por ceder la fotografía para la figura 1-4; a quienes me dieron permiso para reproducir sus figuras publicadas, y a mis editores Edward Arnold Ltd. por toda su ayuda prestada.

Indice de materias

Temperatura y vida vegetal 1

1.1 La temperatura

La temperatura es un indicador de la cantidad de energía calorífica en un sistema; cuanto mayor es la cantidad de calor, mayor es la temperatura. A igual que la presión, la concentración y la densidad, y en contraste con las magnitudes de volumen y contenido calorífico, la temperatura es una propiedad *intensiva* del sistema. De este modo, si se divide en partes un material homeotérmico, la temperatura de cada fragmento es la misma que la del total aunque el contenido en calor sea menor. Los gradientes de temperatura determinan la dirección y la velocidad de transmisión de calor de un lugar a otro; el calor fluye desde un punto de temperatura superior a uno inferior a una velocidad determinada por la diferencia de temperatura y la conductividad del material.

La temperatura se mide según una escala determinada, relativa a unos puntos fijos. La primera escala fue la ideada por el físico alemán Gabriel Fahrenheit en 1724. Dividió el intervalo de temperaturas entre una mezcla de hielo y agua y una supuesta temperatura del cuerpo en una escala de 100 puntos, de 0-100 grados. En esta escala el agua se hiela a 32 ºF y hierve a 212 ºF (fig. 1-1). La escala Fahrenheit apenas si se usa actualmente en el trabajo científico, habiendo sido reemplazada en los países anglosajones por la escala centígrada en el uso cotidiano, por ejemplo en los partes metereológicos, aunque en varios aspectos se muestra más satisfactoria para este fin que la escala centígrada. En la escala Celsius o centígrada, propuesta por Anders Celsius, físico sueco, en 1742, el gradiente de temperaturas entre la fusión del hielo y la ebullición del agua a presión atmosférica se divide en 100 grados, 0-100. Las unidades son entonces mayores que las Fahrenheit, según la razón 180:100, es decir, 9:5.

Actualmente, en los trabajos científicos, la temperatura se mide a menudo por la escala "absoluta", ideada por Lord Kelvin en 1848. La escala Kelvin comienza con el cero "absoluto" (—273,16 ºC), la temperatura a la cual las moléculas de un sistema están en reposo y la energía calorífica es entonces cero. Las unidades son equiparables a los grados Celsius, por lo que la temperatura absoluta puede calcularse añadiendo 273,16 al valor Celsius (véase fig. 1-1).

Las unidades y símbolos empleados en este estudio corresponden al Sistema Internacional de Unidades (SI) y en la tabla I se da una lista de varias cantidades termodinámicas con sus unidades SI.

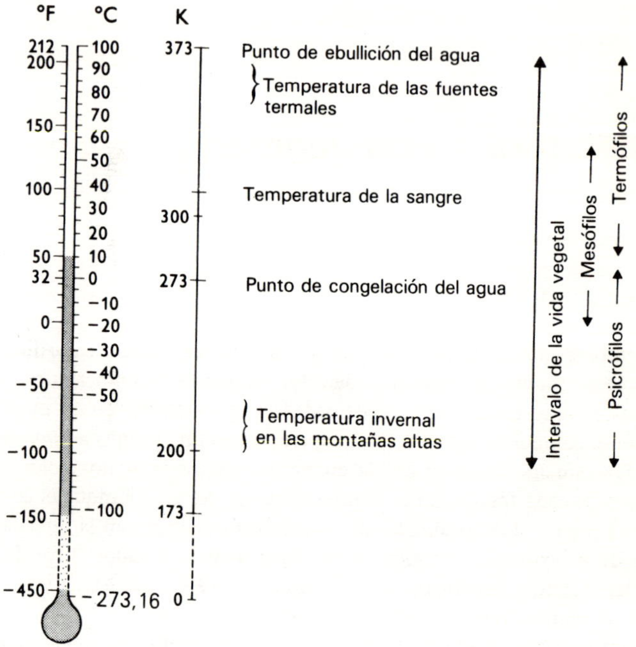

Fig. 1-1 Escalas de temperatura y el intervalo para la vida vegetal.

Tabla 1 Unidades SI y símbolos para varias cantidades termodinámicas, y algunos de sus equivalentes en otras unidades

Cantidad	*Símbolo*	*Unidad*	*Símbolo*	*Unidad no del SI*
Temperatura	T	Kelvin	K	1 °C = 1 K 1 °F = 0,55 K
Calor	Q	Julio	J	1 cal = 4,186 J
Densidad del flujo térmico	θ	Watios por m cuadrado	$W\ m^{-2}$	$1\ cal\ cm^{-2}\ s^{-1} = 4{,}186 \times 10^{-4}\ W\ m^{-2}$
Conductividad térmica	λ	Watios por m por Kelvin	$W\ m^{-1}\ K^{-1}$	$1\ cal\ cm\ s^{-1}\ K^{-1} = 4{,}186 \times 10^{-2}\ W\ m^{-1}\ K^{-1}$
Capacidad de calor específico	c	Julios por kg por Kelvin	$J\ kg^{-1}\ K^{-1}$	$cal\ g^{-1}\ K^{-1}$
Calor latente específico	l	Julios por kg	$J\ kg^{-1}$	$cal\ g^{-1}$

1.2 Medición de la temperatura

La medición de la temperatura depende de cambios inducidos por la temperatura en un aparato sensor, por ejemplo cambios en el volumen de un líquido, como el mercurio en un termómetro ordinario, o la expansión diferencial de una cinta bimetálica en algunos tipos de termógrafos. Con un termómetro o termógrafo sensibles pueden alcanzarse precisiones de unos 0,1-0,5 ºC. Los termopares son instrumentos termosensibles en los cuales se provoca un flujo de corriente en un circuito que consta de dos soldaduras metálicas, por lo común de cobre y constantán (fig. 1-2). La cantidad de corriente que circula es proporcional a la diferencia de temperaturas entre las dos soldaduras, y si una se mantiene a una temperatura constante, la temperatura de la otra puede calcularse por la lectura del galvanómetro (fig. 1-2a). Alternativamente, la diferencia de temperaturas entre las dos soldaduras puede determinarse cuando ambas son variables (fig. 1-2b). Los termopares son pequeños y relativamente de fácil construcción, pero producen una corriente eléctrica pequeña que requiere su amplificación antes de ser leída. Pueden calibrarse con una precisión de 0,1-0,2 ºC y son enormemente versátiles. Se han empleado extensamente para las medidas de la temperatura del suelo, aire, agua,

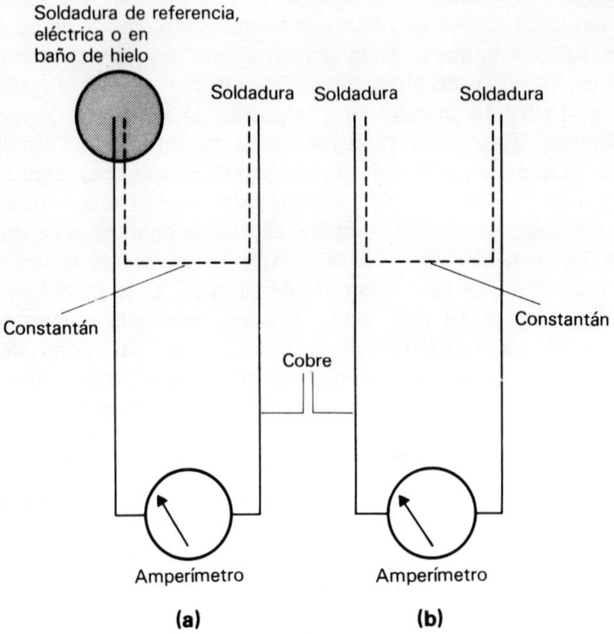

Fig. 1-2 Forma de medir la temperatura absoluta (a) y diferencial (b) con termopares.

tejidos vegetales y superficies, y pueden también aplicarse para la medición del calor radiante, esto es, los radiómetros.

Un termistor está hecho de material cristalino semiconductor cuya resistencia al paso de corriente varía con la temperatura. Los termistores son utilizables con un comportamiento casi linear a las temperaturas y son enormemente sensibles. Cambios de temperatura tan pequeños como de 0,002 °C pueden ser detectados, pero inherentemente son menos estables que los termopares y requieren un calibrado mucho más frecuente.

1.3 La temperatura de las plantas

Debido a su producción de calor relativamente baja en relación con su masa, y a la gran superficie que no está bien aislada contra la pérdida de calor, las plantas son esencialmente poiquilotérmicas o ectotérmicas, es decir, la temperatura del cuerpo cambia marcadamente con los cambios de temperatura externa. La incapacidad de la planta para regular su temperatura se muestra dramáticamente con la pérdida de calor durante la noche, con el resultado de que la temperatura de las hojas puede descender por debajo de la temperatura del aire; y por el calentamiento de un tronco de árbol el cual puede tener, en el lado que le da el sol, una temperatura 30 °C superior al lado que está en la sombra.

El calor generado por las reacciones químicas exotérmicas en las plantas se disipa tan rápidamente que no causa una significante elevación de la temperatura, ni en los tejidos, ni en los alrededores. Sin embargo, cuando la respiración es intensa, y la pérdida de calor está impedida, la temperatura puede subir apreciablemente. Esto puede probarse con la germinación de semillas en el interior de un termos, y es posible que, incluso en el suelo, una semilla es capaz, en ciertos casos, de producir calor suficiente para elevar su temperatura interna y agilizar así la germinación. El ejemplo clásico de la producción de calor en las plantas se da en la inflorescencia carnosa de las plantas de la familia de las aráceas. Una subida de la temperatura de hasta 25 °C se ha observado en el interior de la espata del aro, *Arum italicum,* cuando la inflorescencia está madura, y ello se relaciona con la atracción por las flores de moscas polinizadoras termofílicas. Incluso en el interior de la corola de una flor de digital *(Digitalis purpurea)* la temperatura es significativamente superior a la del aire circundante. Cuando las yemas florales de las llamadas plantas "nivales", por ejemplo la soldanela alpina, comienzan a crecer en primavera, pueden estar cubiertas por una capa de nieve helada de varios centímetros. Se dice que las yemas en crecimiento producen el suficiente calor como para fundir la nieve alrededor de ellas y formar un canal por el cual la yema floral es portada por el pedúnculo hasta que emerge y se abre al aire.

1.4 Efectos de la temperatura en la distribución de las plantas

Ya que las plantas no son capaces de regular su temperatura eficientemente, su distribución, a una escala mundial así como a una escala ecológica inferior, está fuertemente influida por las temperaturas del ambiente. Las zonas climáticas del mundo, determinadas principalmente por la latitud y altitud, poseen tipos característicos de vegetación establecidos por selección natural en respuesta a las temperaturas y precipitaciones dominantes (tabla 2). La influencia de la latitud es debida principalmente a la reducción del ángulo del sol en el mediodía al aumentar la distancia al ecuador, mientras que las bajas temperaturas en las grandes alturas se atribuye mayormente a la expansión del aire caliente a medida que se eleva desde abajo produciendo un enfriamiento. En términos generales, un incremento en altitud de 160 m corresponde a una disminución de alrededor de 1 °C en la temperatura media.

La figura 1-3 muestra las temperaturas medias mensuales del año en la cumbre de Ben Nevis (1343 m sobre el nivel del mar), la montaña más alta de Escocia y en los alrededores de Fort William (0,9 m sobre el nivel del mar). La variación de temperatura entre el invierno y el verano es similar en ambos lugares, pero la temperatura media de cada mes es inferior en Ben Nevis en unos 8 °C durante todo el año. Incluso en pleno verano (junio-julio), la temperatura mensual media en la cumbre de Ben Nevis alcanza difícilmente la temperatura invernal de Fort Williams y es similar a la de Groenlandia occidental (65 °N de latitud) en verano. Evidentemente, las plantas sólo pueden sobrevivir en las grandes alturas si están adaptadas a crecer a bajas temperaturas o tienen una estación de crecimiento muy corto.

A pesar de su modesta altura, las montañas de Gran Bretaña están prácticamente sin árboles a un nivel relativamente bajo, y raramente se encuentran árboles por encima de los 600 m. Por lo contrario, en Nueva Inglaterra, EE.UU., donde la temperatura media anual en tierra baja es aproximadamente la misma que en Escocia, la línea de árboles, por ejemplo en el Monte Washington (1917 m) se eleva a 1500 m.

La explicación se encuentra en el hecho de que, en verano, la temperatura en Nueva Inglaterra es superior a la de Escocia, tanto en el llano como en la montaña a una misma altitud. Así pues, a la altura correspondiente a la cumbre de Ben Nevis, la temperatura media de julio en el Monte Washington es de 12 °C y la estación de crecimiento es mucho más larga. El crecimiento de los árboles en altitudes elevadas de las montañas británicas se ve evidentemente limitado por las bajas temperaturas estivales y no por las temperaturas invernales que son superiores a las del Monte Washington a una misma altura. Debe tenerse en cuenta que, aunque aquí se está discutiendo las temperaturas del aire, es evidente que las temperaturas del suelo son más importantes en la limitación del crecimiento de las plantas de montaña, por ser éstas significativamente inferiores a las temperaturas del aire durante todo el verano de Escocia, restringiendo la absorción de agua y nutrientes y el crecimiento radical.

En otros casos la distribución de las plantas puede depender de las

Tabla 2 Zonas climáticas mundiales y vegetación natural. (Resumido de *The Times Concise Atlas of the World.* Times Books, 1975).

Zona	*Condiciones*	*Vegetación natural típica*
SUB-POLAR (Groenlandia, Islandia)	Invierno muy frío; verano corto, fresco y seco	tundra
CONTINENTAL-FRIA (Canadá, Norte de Rusia)	Invierno muy frío; verano cálido; precipitaciones escasas	bosque boreal (taiga)
SEMICONTINENTAL (Norte y centro de Europa	Invierno frío; verano caluroso; lluvia o nieve todo el año	bosque mixto
MARITIMO-OCCIDENTAL (costas occidentales de Europa y EE.UU.)	Invierno fresco; verano cálido; lluvia todo el año	Bosque planifolio
MARITIMO-ORIENTAL (costa oriental de EE.UU. y Canadá)	Invierno frío; verano cálido; lluvias y nieve más intensas en invierno	Bosque mixto
PRADERA-ESTEPA (centro de EE.UU. y Rusia)	Invierno fresco y seco; verano cálido; lluvia principalmente en primavera	Prado corto (estepa)
MANCHURIA	Invierno suave y húmedo; verano caluroso y húmedo	
TEMPLADO-HUMEDA (SE Asia, Brasil)	Invierno cálido y húmedo; verano caluroso y húmedo	Bosque subtropical
MEDITERRANEA	Invierno suave con lluvia moderada; verano cálido y seco	matorral esclerófilo
SEMIARIDA (Medio Oriente, parte de Africa, Australia)	Invierno fresco o cálido, generalmente seco; verano caluroso con precipitaciones variables	desierto en los lugares más secos
DESERTICA (N. Africa, parte de Australia)	Considerable intervalo de temperaturas, todo el año; lluvias irregulares	desierto
TROPICAL SECA (India, Sudamérica central)	Invierno caluroso y seco; verano caluroso y húmedo	Sabana, monzónico
TROPICAL-HUMEDA	Caluroso con fuertes precipitaciones todo el año	monzónico pluvüsilva tropical (selva)
MONTAÑA (Andes, Himalayas, etc.)	Predominan las bajas temperaturas	montaña

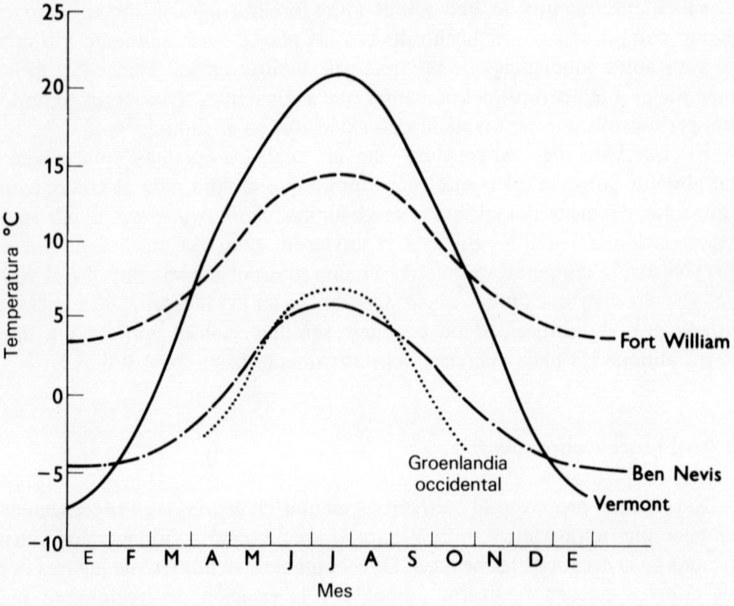

Fig. 1-3 Temperaturas mensuales medias en Fort William y en la cima de Ben Nevis en Escocia, en Groenlandia occidental y en Vermont (Nueva Inglaterra, EE.UU.). (De PEARSALL, 1959, modificada).

temperaturas de invierno y, en particular, de la severidad de las heladas. Las plantas sensibles a las heladas (capítulo 5) y las sensibles al frío (capítulo 3) quedan limitadas en su distribución por la temperatura mínima a la que están expuestas, incluso brevemente, durante el año. Por otra parte, muchas plantas son incapaces de vivir en los desiertos por su incapacidad de resistir las temperaturas máximas que acaecen durante los períodos más secos. La distribución geográfica de *Cirsium acaule* en Europa aparece determinada principalmente por la temperatura. Desde Suecia hasta el sudoeste de Inglaterra, el área sigue fielmente las isotermas para las temperaturas medias máximas de julio, agosto y septiembre, sugiriendo que la temperatura estival es importante para la determinación de sus límites occidentales.

Cada planta posee una temperatura óptima para el crecimiento, y unos límites superior e inferior en los que a partir de ellos todo crecimiento cesa (capítulo 4). No sólo las especies pueden diferir unas de otras, sino que razas diferentes de una misma especie pueden tener distintas tolerancias de temperaturas.

Los ecotipos de especies ampliamente distribuidas tienen a veces, aunque no siempre, diferentes óptimos de temperatura, y éstos se han establecido presumiblemente por selección natural para afrontar las condiciones dominantes.

El establecimiento de una temperatura óptima para el crecimiento es a menudo complicado por el hecho de que las plantas, normalmente, no crecen bajo constantes condiciones de temperatura, incluso en los trópicos, y muchas crecen mejor a temperaturas fluctuantes que a constantes. Esto es un ejemplo de termoperiodismo que será tratado con extensión en el capítulo 4.

El intervalo de temperatura en el cual las plantas sobreviven es generalmente considerablemente más amplio que el apto para el crecimiento y terminación del ciclo biológico. Un sauce alpino, *Salix pauciflora,* puede resistir la congelación a —70 °C durante el invierno, pero no crecerá ni tan sólo sobrevivirá si la temperatura no sube mucho más por encima durante el verano (pág. 44). La distribución de *Juncus squarrosus* en las montañas británicas está limitada por la incapacidad de producir semillas viables por encima de los 900 m, aunque las plantas crecen vegetativamente hasta los 1200 m.

1.5 Ambientes controlados

El principal propósito al cultivar las plantas en estufas o en invernáculos es mantener una temperatura óptima para el crecimiento y proteger los cultivos delicados de la acción de las heladas. De esta manera, el número de lugares donde tales cultivos pueden realizarse aumenta y la estación de crecimiento puede prolongarse. La continua alza del costo del combustible para la calefacción hace necesario que se revise periódicamente la temperatura óptima en los invernáculos comerciales, ya que ésta debe decidirse por el rendimiento económico de la inversión y no por la máxima productividad.

El cultivo de plantas bajo vidrio presenta una serie de problemas. Uno de ellos es que la luz queda reducida; incluso en los modernos invernáculos de cristal, una vez limpios, se consigue una intensidad de luz raramente superior al 70 % de la luz exterior. Otra dificultad es que el calor generado por la radiación solar (véase capítulo 2) es atrapado en el invernáculo por la opacidad del vidrio a la radiación infrarroja (el llamado efecto de invernáculo) por lo que las plantas pueden sufrir un sobrecalentamiento durante el día si no se dispone de una adecuada ventilación.

Los elevados costos de los invernáculos de cristal ha conducido a experimentar con materiales más económicos, por ejemplo las láminas de plástico fino para la protección de los cultivos. Sin embargo, presentan un gran número de desventajas, incluyendo la reducida transmisión de luz, corta vida, elevados costos de mantenimiento, y problemas de ventilación; el empleo de tales materiales está todavía confinado principalmente en áreas donde la protección es sólo necesaria marginalmente, en puntos de Italia, Japón e Israel. En Gran Bretaña las cintas de plástico se usan especialmente para cubrir los cultivos de fresones, lechugas y apios para protegerlos de las heladas tardías.

Ya que la temperatura tiene un efecto tan profundo sobre las plantas, generalmente es necesario para los fisiólogos poder controlar la temperatura durante sus experimentos. Si la temperatura se mantiene constante, los efectos de

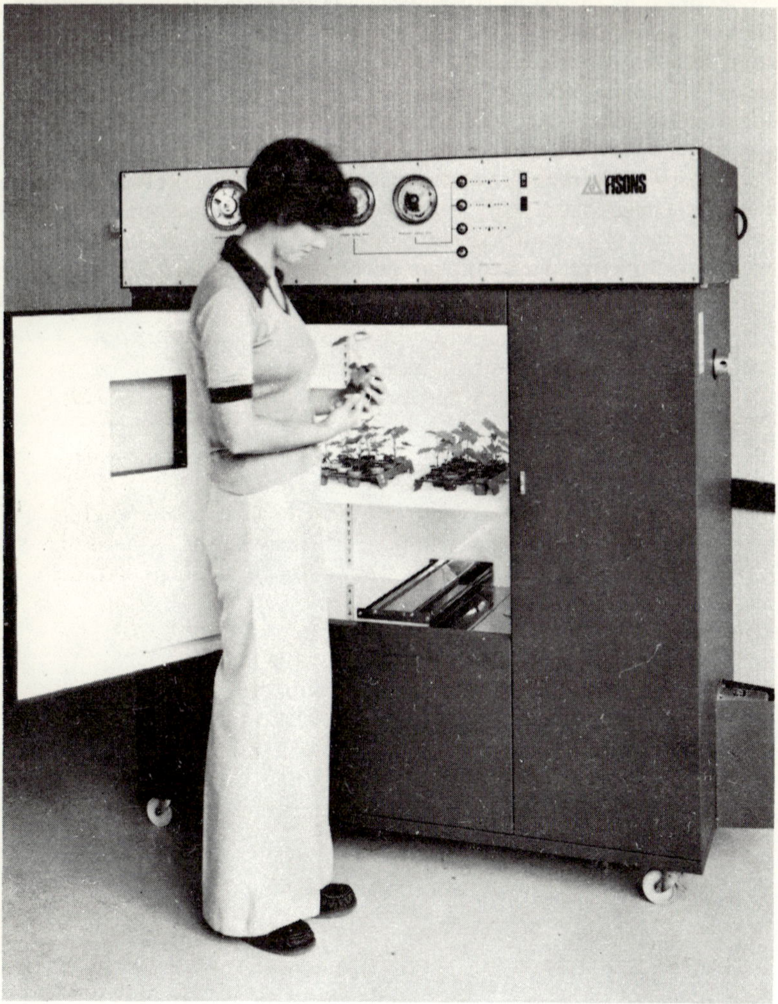

Fig. 1-4 Cámara con ambiente controlado en la cual pueden cultivarse pequeños vegetales a una temperatura constante. (Fotografía amablemente cedida por Fisons Scientific Apparatus Ltd, Loughborough, Leicestershire.)

otros factores ambientales pueden ser estudiados, y variando la temperatura de una forma controlada puede investigarse la interacción de la temperatura y otros factores como la intensidad de luz. Un considerable avance en el conocimiento del mecanismo de la fotosíntesis (véase capítulo 3) y el control del crecimiento vegetal (capítulo 4) se ha obtenido de esta forma.

El grado de control de la temperatura (e intensidad de luz) que precisa el fisiólogo es frecuentemente mucho mayor del que se puede alcanzar en un invernáculo, y, por esta razón, se han diseñado sofisticados "fitotrones". Estos tienen un tamaño que va desde una serie de grandes recintos mantenidos a diferentes temperaturas, hasta cámaras portátiles del tamaño de una nevera que pueden colocarse a una temperatura predeterminada. En el mejor de los casos, la temperatura puede controlarse con una aproximación de 1 °C, independientemente de la intensidad de luz. Llevan incorporados relojes que permiten cambios de temperatura y/o intensidad de luz periódicos e independientes uno del otro. El mayor problema en el diseño de fitotrones es mantener un flujo de aire suficiente para reducir las diferencias de temperatura entre las distintas partes de la cámara a un mínimo aceptable.

Balance térmico en las plantas 2

2.1 La planta como un intercambiador de calor

Según el primer principio de la termodinámica la energía no puede crearse ni destruirse sino cambiar de una forma a otra. La energía calorífica es adquirida por la planta directamente, por convección y conducción, si la planta está más fría que el aire circundante, o indirectamente por la transformación de energía química en procesos exotérmicos metabólicos como la respiración, y por la conversión de energía radiante en calor. Por otra parte, el calor se pierde por convección y conducción cuando la planta presenta una temperatura superior a sus alrededores, por el calor latente de evaporación, por la captación de agua a una temperatura inferior a ella y por la emisión de radiación de onda larga (infrarrojo).

Cuando la pérdida supera la ganancia de calor, la temperatura de la planta desciende, y viceversa; y, dependiendo de las condiciones, se establece un equilibrio a una temperatura la cual puede estar algo por encima o por debajo de la del ambiente. Las diferentes partes de los vegetales, por ejemplo las raíces y hojas, presentan generalmente temperaturas distintas debido a las diferentes condiciones a que están expuestas. Existen, pues, gradientes de temperatura en la planta y el flujo de calor a lo largo de estos gradientes es relativamente lento debido a la lenta conductividad térmica del agua y tejidos vegetales. Como la mayor parte de la energía que se intercambia entre la planta y su ambiente tiene lugar a través de las hojas, la discusión que sigue se centra especialmente en ellas. El balance energético de una hoja (u otra parte de la planta) puede representarse por la ecuación:

$$Q_a = Q_r + Q_e + Q_c + Q_m + Q_s$$

en donde

Q_a = radiación incidente total absorbida

Q_r = energía reirradiada en infrarrojo

Q_e = calor latente de evaporación

Q_c = energía intercambiada entre la hoja y el aire por conducción y convección; conducción es la transferencia de calor entre moléculas mediante colisiones (comparable con la difusión), mientras que la convección implica movimientos de grupos de moléculas de un gas o líquido como resultado de los gradientes de presión (véase pág. 15). Este término también incluye cualquier otro intercambio de calor entre la hoja y otras partes de la planta, por ejemplo por el concurso de la corriente transpiratoria;

Q_m = balance energético entre las reacciones endotérmicas tales como la fotosíntesis y las reacciones exotérmicas tales como la respiración. Cuando esta última supera la primera, Q_m es negativo. Aunque Q_m es de un gran significado fisiológico, pues es la parte de la cuenta energética de la que depende el crecimiento, la cantidad de energía implicada es relativamente pequeña (menos del 1 % de Q_a);
Q_s = energía almacenada; cuando hay más energía que entra en la hoja de la que sale, esto es

$$Q_a > Q_r + Q_e + Q_c + Q_m$$

Q_s es positivo y la temperatura de la hoja sube, y viceversa. Cuando se alcanza un equilibrio en las pérdidas, Q_s es cero y la temperatura permanece constante.

2.2 Absorción de la radiación solar

La luz solar puede caer sobre la hoja ya sea directamente, después de ser reflejada irregularmente por las moléculas del aire, (cielo abierto), o después de ser reflejada desde las nubes (cielo cubierto) u otros objetos cercanos. La cantidad de radiación solar que incide sobre la atmósfera terrestre, la llamada "constante solar", es de unos 8,4J por cm^2 por minuto, y, de ésta, alrededor del 50 % alcanza la superficie terrestre al nivel del mar en un día sin nubes, cuando el sol se halla en el cénit. La intensidad de luz alcanza un máximo de aproximadamente 10 000 lux bajo estas condiciones.

Además de la radiación solar, la radiación infrarroja o térmica es también absorbida por la hoja. Cualquier objeto con una temperatura superior a 0 °K emite radiación de onda larga, principalmente en el infrarrojo (> 1500 m). La mayor parte de la radiación térmica del cielo proviene del agua, CO_2 y otras moléculas, pero los objetos circundantes también contribuyen en su medida. La cantidad de radiación absorbida por la hoja depende de la longitud de onda y de sus características espectrales. La fig. 2-1 muestra las cantidades de radiación de diferentes longitudes absorbidas, transmitidas y reflejadas por una hoja verde. La luz visible es absorbida con gran eficiencia mediante los pigmentos clorofílicos en las regiones azul (400-500 nm) y roja (600-700 nm) del espectro. La luz verde (500-600 nm) se absorbe en una menor proporción y hay un aumento correspondiente de la cantidad de luz transmitida y reflejada con un pico cerca de los 550 nm. Las hojas absorben poco en la región cercana del infrarrojo (700-1500 nm), y puesto que ésta representa una proporción sustancial de toda la energía en la radiación solar, la cantidad de energía potencial teóricamente absorbible queda muy reducida. Por otra parte, las plantas son buenas captadoras del infrarrojo lejano (1 500-10 000 nm), pero como sea que la radiación solar en estas longitudes de onda es débil una vez han atravesado la atmósfera, la captación de calor debida a esta región del espectro es relativamente pequeña.

La radiación térmica es emitida también por los vegetales, y por ello la

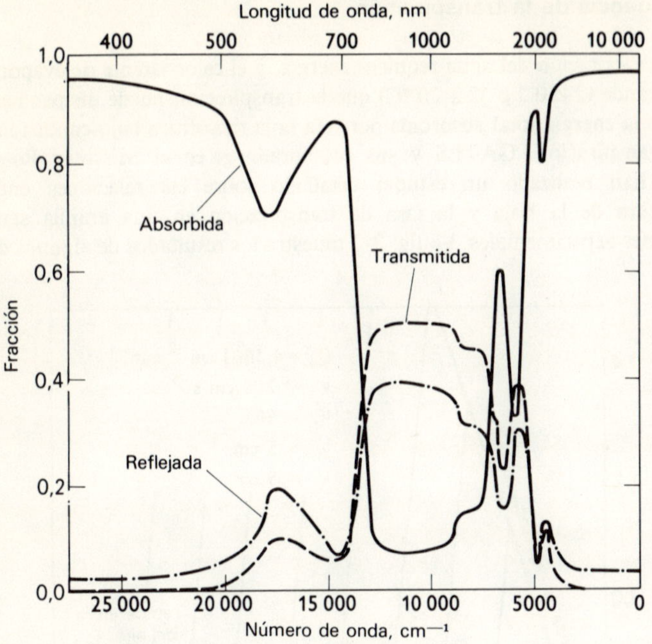

Fig. 2-1 Cantidad de radiación de diferentes longitudes de onda absorbida, reflejada y transmitida por una hoja.

vegetación puede fotografiarse en la oscuridad con película sensible al infrarrojo. Una buena parte de la energía derivada de la absorción de la radiación visible se reirradía, de hecho, en infrarrojo. Algunos vegetales, en especial las plantas del desierto, presentan hojas plateadas o relucientes, que aumenta la cantidad de radiación solar reflejada. La reflectancia a 50 nm aumenta en algunas de estas hojas desde el 10-20 % usual al 30 % de la radiación incidente, con una reducción correspondiente a la energía absorbida. Tal reducción tiene un marcado efecto sobre la temperatura de la hoja y puede ser importante en situaciones donde la temperatura tiende a subir por encima del óptimo fotosintético.

Es bien conocido que las plantas sensibles son más susceptibles a los daños de congelación en las noches claras que en las nubladas. Esto es debido a que el cielo despejado actúa como un "cuerpo negro" al absorber la energía calorífica de las hojas en forma de radiación infrarroja, causando que su temperatura descienda. Las nubes reflejan de nuevo esta radiación y el enfriamiento queda reducido. Los cambios de posición o el plegamiento de las hojas, tal como las de *Acacia,* durante la noche pueden ser mecanismos para reducir el enfriamiento por radiación en vez de la transpiración (véase capítulo 4).

2.3 Influencia de la transpiración

La evaporación del agua requiere energía, y el calor latente de evaporación es tan grande (2450 J g^{-1} a 20 °C) que la transpiración puede disipar hasta el 50 % de la energía total absorbida por una hoja mesofítica bajo condiciones de fuerte transpiración. GATES y sus colaboradores en el Missouri Botanical Garden han realizado un estudio detallado sobre las relaciones entre la temperatura de la hoja y la tasa de transpiración en una amplia serie de condiciones experimentales. La fig. 2-2 muestra los resultados de algunos de sus

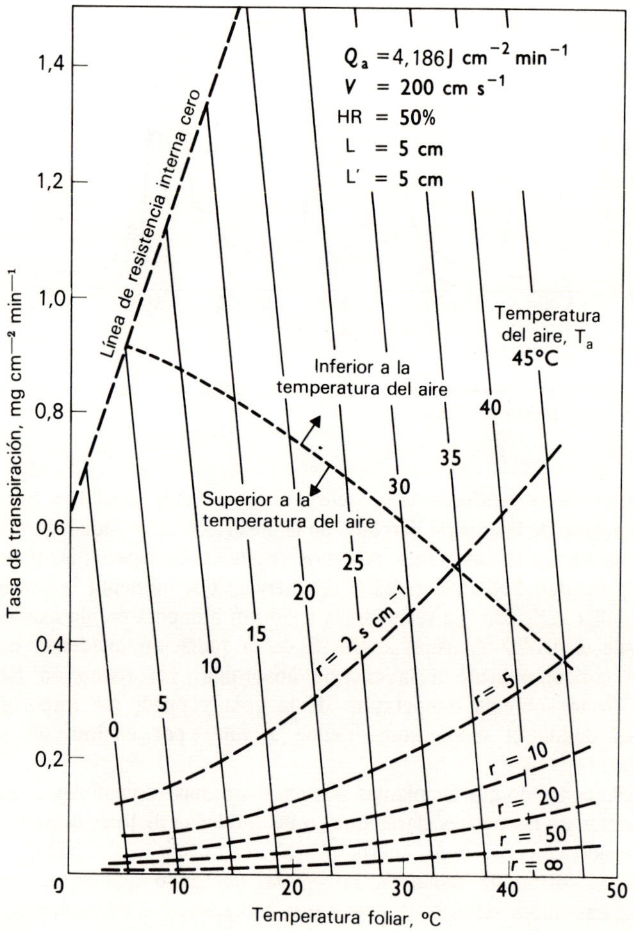

Fig. 2-2 Relación entre la tasa de transpiración y la temperatura foliar a varias temperaturas del aire (T_a) y resistencias de difusión (r). (De GATES, 1968.)

cálculos, basados en simulaciones de computador, de una hoja hipotética. La hoja en cuestión representa una superficie de 25 cm^2 (L × L') y absorbe energía a una tasa de 4,186 J cm^{-2} min^{-1} (Q_a). La humedad atmosférica se considera que es de 50 % (humedad relativa, HR) y el aire está circulando sobre la hoja a 200 cm s^{-1} (V). Estas condiciones corresponden aproximadamente a las condiciones medias en las latitudes templadas, en un día claro soleado con una ligera brisa. La relación entre la transpiración y temperaturas de hoja y aire fue examinada para varios grados de abertura estomática (resistencia de difusión *r*, de 2 cm^{-1} a ∞). Con el aumento de la temperatura de hoja y aire, la tasa de transpiración sube, en especial cuando los estomas están totalmente abiertos. Bajo el conjunto de condiciones aquí considerado, la temperatura de la hoja es siempre superior a la temperatura del aire cuando ésta es inferior a los 35 °C, pero por encima de este valor la hoja está más fría que el aire siempre que la transpiración sea suficientemente elevada.

Otros cálculos han mostrado que la temperatura de hojas grandes sube mucho más bajo condiciones de elevada intensidad de luz que las hojas pequeñas, y esto puede explicar la predominancia de especies con hojas pequeñas entre las plantas de lugares áridos. Mediciones directas en especies de hojas pequeñas del desierto, por ejemplo *Artemisia tridentata,* confirman que la temperatura de la hoja permanece próxima a la del ambiente en un amplio intervalo de temperaturas del aire, y tales plantas presentan claramente una ventaja al ser capaces de evitar que se alcancen temperaturas letales sin una excesiva transpiración. En contraposición, entre los cactos, por ejemplo *Opuntia* spp., donde las hojas se hallan reducidas a escamas y el tallo es el órgano fotosintético y transpirante, la temperatura de la superficie sube, en ocasiones, marcadamente por encima de la del ambiente, y tales plantas, en lugar de evitar, toleran las temperaturas altas.

No raramente se afirma que la "función" de la transpiración es la de prevenir que las hojas se calienten demasiado. De lo que se ha dicho hasta aquí, debe estar claro que la transpiración reduce la temperatura de la hoja, siendo su efecto más patente en los mesófitos con resistencia estomática pequeña, esto es, en vegetales que transpiran rápidamente. En los xerófitos, la resistencia estomática es generalmente alta y las tasas de transpiración son correspondientemente bajas. Tales plantas no pueden disponer de grandes cantidades de agua para enfriar y, por ende, deben depender de otros métodos de disipación del calor como la reirradiación o adquirir tolerancia para las temperaturas elevadas (véase capítulo 6).

2.4 Conducción y convección

Entre la superficie de la hoja y el aire que la rodea, el calor es conducido por choques térmicos aleatorios de las moléculas de gas con la superficie foliar, y la cantidad de calor que se transfiere depende del gradiente de temperatura y la conductividad térmica de la interfase hoja/aire. Por otra parte, la convección implica un movimiento turbulento de un fluido o un gas causado por los cambios de densidad o presión de los que son responsables los gradientes de temperatura. La convección "libre" o "natural" aparece cuando el calor disipado por la hoja causa que el aire que rodea la hoja se expanda y decrezca así en densidad. Este aire asciende y es reemplazado por aire más frío de la capa inferior. El aire puede también impulsar el aire calentado de la superficie foliar y en este caso se habla de convección "forzada". Incluso a velocidades del aire muy pequeñas (por ejemplo 10 cm s^{-1}), la convección forzada es más importante en la pérdida de calor de la hoja que la convección libre.

Se ha podido observar en experimentos con láminas de cobre de diversas formas, dentro de túneles de aire, que, indistintamente a la velocidad del aire o a la orientación, una lámina circular de cobre presenta la mínima disipación de calor por unidad de superficie, mientras que una estructura alargada o lobulada tiene una tasa significativamente superior de enfriamiento por convección bajo todas las condiciones. La aparición frecuente de hojas aciculares y profundamente lobuladas, especialmente en las plantas del desierto, y la rareza de hojas circulares es entonces comprensible en términos de máxima disipación de calor.

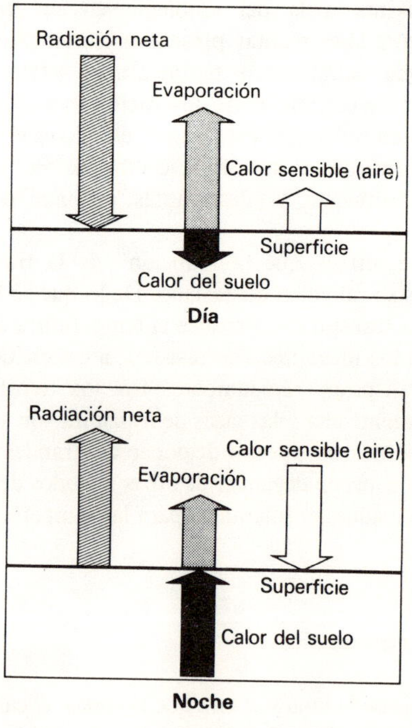

Fig. 2-3 Diagrama representando el balance energético en la superficie terrestre durante el día y la noche. (De Tanner y Lemon, 1962.)

2.5 Balance térmico en las comunidades vegetales

Las relaciones térmicas en una comunidad vegetal son inmensamente más complejas que las de una hoja única, debido a los cambios de orientación de las hojas durante el crecimiento, ensombrecimiento mutuo, y al complicado comportamiento de la circulación del aire y los gradientes de humedad en el estrato foliar, y, por ello, no pueden hacerse más que generalizaciones.

LEMON (1963) ha estimado que para una comunidad vegetal de un prado, formada por vegetación densa baja, con agua y nutrientes a disposición, el 75-85 % de la radiación captada durante el día es disipada en la evaporación del agua por la hoja o la superficie del suelo, el 5-10 % es utilizada en la fotosíntesis. La evaporación es también responsable de una significante pérdida de calor durante la noche, pero la reirradiación es incluso más importante (fig. 2-3). La presencia de vegetación reduce la absorción de calor por el suelo durante el día y evita la pérdida durante la noche.

La vegetación de las grandes altitudes, tal como los prados alpinos, presenta un cuadro algo distinto al de bajas altitudes. Dos factores, que son de particular importancia, son el incremento de la intensidad de luz y el descenso de temperatura. El calentamiento por radiación, por lo tanto, aumenta durante el día, así como la tasa de disipación. Las plantas a grandes altitudes son particularmente susceptibles al daño por un excesivo enfriamiento durante la noche. Las plantas de la tundra ártica están expuestas a unas condiciones parecidas a las de las grandes altitudes, lo que explica algunas de las semejanzas entre los tipos de vegetación que, en general, están formados por arbustos de lento crecimiento con áreas foliares relativamente pequeñas.

Temperaturas y metabolismo 3

3.1 Coeficiente de temperatura (Q_{10})

Una forma frecuente para indicar el efecto de la temperatura en un proceso biológico es calcular el valor de Q_{10}, el coeficiente de temperatura. Q_{10}, que es la razón entre la velocidad de un proceso a una temperatura y la de éste a una temperatura 10 °C inferior,

$$Q_{10} = \frac{K_2}{K_1}$$

donde

K_2 es la velocidad a T °C
K_1 es la velocidad a T—10 °C

No siempre es conveniente medir las velocidades a intervalos de 10 °C exactos, y pueden calcularse valores aproximados de Q_{10} en base a mediciones de dos temperaturas cualesquiera utilizando la ecuación:

$$Q_{10} = \left(\frac{K_2}{K_1}\right)^{\frac{10}{T_2 - T_1}}$$

donde

K_2 es la velocidad a la temperatura superior, T_2
K_1 es la velocidad a la temperatura inferior, T_1

Sobre el intervalo de temperaturas en el cual la mayoría de los organismos vivos existen (5-40 °C), la velocidad de las reacciones químicas queda doblada aproximadamente con cada incremento de 10 °C, esto es, $Q_{10} \simeq 2$. Por otra parte, los procesos físicos, tales como la difusión y las reacciones fotoquímicas, presentan un Q_{10} bajo ($\simeq 1,2$). F.F. BLACKMAN (1905), al examinar el efecto de la temperatura en la fotosíntesis, a diferentes intensidades de luz y concentraciones de CO_2, dedujo que la fotosíntesis implica una fase lumínica con un Q_{10} pequeño, y una fase oscura con un Q_{10} grande, en la cual se reduce el CO_2. La alteración de la temperatura en un intervalo limitado tiene escaso efecto sobre la fotosíntesis a pequeñas intensidades de luz, cuando la fase lumínica es limitante, y un gran efecto cuando la intensidad de la luz es grande (véase fig. 3-1).

En los organismos vivos y respecto al intervalo de temperaturas fisiológico, las reacciones catalizadas enzimáticamente tienen un Q_{10} parecido al de las

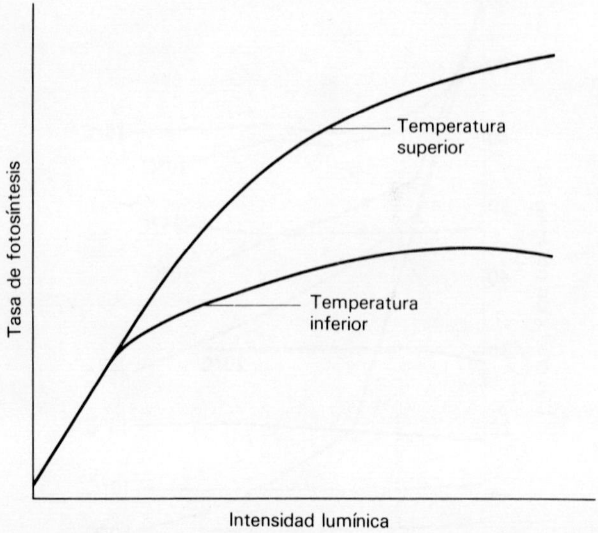

Fig. 3-1 Relación entre la intensidad lumínica y la fotosíntesis a dos temperaturas diferentes.

reacciones químicas. Sin embargo, a temperaturas superiores a los 40 °C se inactivan muchos enzimas por desnaturalización de su proteína y aparece una reducción progresiva de la velocidad de reacción con el tiempo. Así pues, aunque Q_{10} puede ser alto inicialmente, desciende rápidamente y puede eventualmente alcanzar valores inferiores a la unidad. Debe indicarse, sin embargo, que algunos enzimas son termoestables, y, por ejemplo, un procedimiento conveniente para separar las amilasas A y B es calentar la mezcla de enzimas a unos 80 °C, punto en que las amilasas A son inactivadas mientras que las B no son afectadas.

Los procesos fisiológicos, tales como la respiración, los cuales están controlados por enzimas, quedan afectados por la temperatura de una forma parecida. Por ejemplo, en las plántulas de guisante, la tasa de captación de oxígeno aumenta hasta llegar a los 35 °C, y valores de Q_{10} entre 2,0 y 2,5 se observan con frecuencia. Por encima de aquella temperatura, la tasa de respiración crece inicialmente, pero desciende marcadamente con el tiempo, siendo el efecto mucho más marcado cuanto mayor es la temperatura (fig. 3-2).

3.2 Ecuación de Arrhenius

El efecto de una mayor temperatura sobre una reacción química no puede explicarse únicamente en términos de un aumento de la energía cinética que causa mayor número de colisiones entre las moléculas. Se ha calculado que con incremento de 10 °C se aumenta tan sólo en un 2 % en número de choques, y

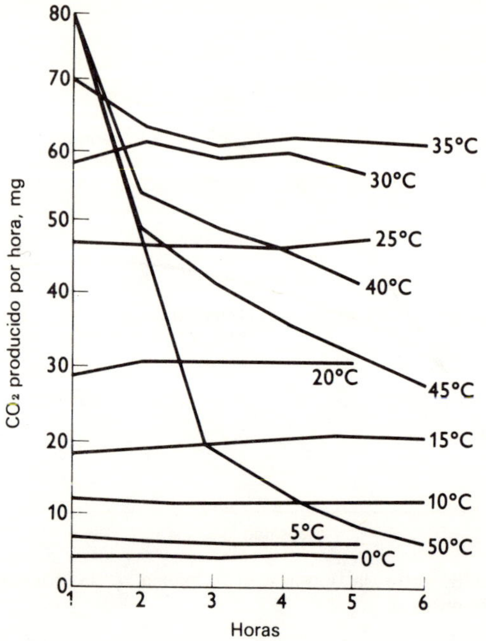

Fig. 3-2 Efecto de la temperatura en la tasa de respiración de las plántulas de guisante. (Según KUIJPER. Modificado de HAAS y HILL, 1929.)

con ésto no se esperaría que se doblase la velocidad de la reacción. En 1889 un químico sueco, Svante Arrhenius, sugirió que al aumentar la temperatura en 10 °C se doblaba el número de moléculas que poseían un contenido suficiente de alta energía (energía de activación) como para cursar la reacción. Demostró que el efecto de la temperatura en la velocidad de hidrólisis de la sacarosa podía representarse por la ecuación:

$$\frac{\mathrm{d} \ln K}{\mathrm{d}T} = \frac{E}{RT^2}$$

donde

K es la velocidad de la reacción
R es la constante de los gases (8,314 J mol^{-1} K^{-1})
T es la temperatura absoluta (K)
E es la energía de activación (J)
La integración de esta ecuación da:

$$\frac{\ln K_2}{K_1} = \frac{E}{R}\left(\frac{1}{T_1} - \frac{1}{T_2}\right)$$

donde K_2 y K_1 son las constantes de velocidad correspondientes a T_2 y T_1 respectivamente.

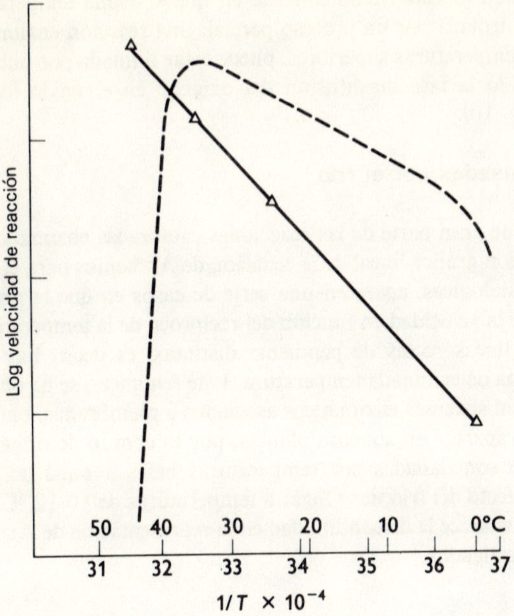

Fig. 3-3 Representación de Arrhenius para la descomposición del pentóxido de nitrógeno (Δ ——— Δ) y para una reacción enzimática (— — — — —).

De ello puede deducirse que el valor de E puede obtenerse midiendo la pendiente de la línea recta obtenida cuando se representa el log. K en función de $1/T$ (fig. 3-3). Así pues, al medir la velocidad de reacción a varias temperaturas, E puede calcularse, y, conociendo E y la velocidad de una temperatura, la velocidad a otra temperatura puede obtenerse. Los valores de E son tales que sobre un intervalo limitado de temperaturas:

$$\frac{K_2}{K_1} \simeq 2 \quad \text{es decir} \quad Q_{10} \simeq 2$$

donde

K_1 es la velocidad de reacción a la temperatura T_1 °C
K_2 es la velocidad de reacción a la temperatura $T_1 + 10$ °C

La mayor parte de las reacciones enzimáticas siguen la ecuación de Arrhenius en un cierto intervalo, pero a temperaturas próximas al cero o por encima de los 40 °C la relación se desvanece debido a la inactivación del enzima (fig. 3-3). Arrhenius empleó el término "característica termométrica" en lugar de energía de activación para los complicados procesos biológicos tales como la respiración. El Q_{10} de la respiración cae mucho más aprisa con el aumento de temperatura de lo que se esperaría en base a la ecuación de Arrhenius. Una posible explicación de este hecho consiste en que si a una temperatura baja la velocidad es controlada por un proceso parcial, una reacción enzimática con un elevado Q_{10}, a temperaturas superiores, puede estar limitada por uno con un Q_{10} bajo, por ejemplo la tasa de difusión del oxígeno en el tejido (compárese la fotosíntesis, pág. 10).

3.3 Daños causados por el frío

Mientras que gran parte de las reacciones catalizadas enzimáticamente dan una representación gráfica lineal de la ecuación de Arrhenius para el intervalo de temperaturas fisiológicas, aparecen una serie de casos en que la representación del logaritmo de la velocidad en función del recíproco de la temperatura absoluta manifiesta dos líneas rectas de pendiente distintas, es decir, hay un cambio brusco de E a una determinada temperatura. Este fenómeno se ha observado con más frecuencia en sistemas enzimáticos asociados a membranas, por ejemplo en mitocondrias, y aparece en aquellas plantas, por lo común de origen tropical o subtropical, que son dañadas por temperaturas bajas aunque no congelantes (fig. 3-4). Este efecto del frío tiene lugar a temperaturas de 10-12 °C, y es éste el punto en el cual aparece la discontinuidad en la representación de Arrhenius para los enzimas investigados.

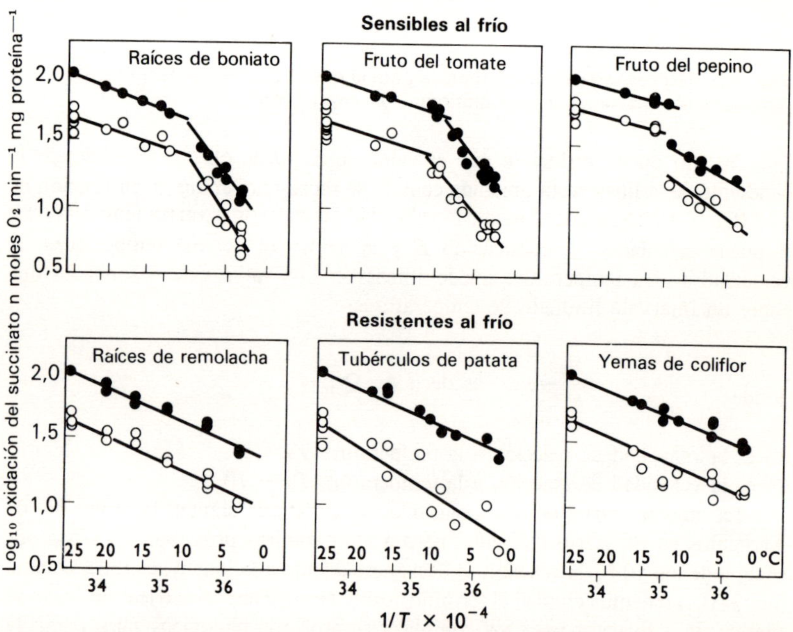

Fig. 3-4 Representaciones de Arrhenius para la oxidación del succinato por mitocondrias vegetales aisladas. (De LYONS y RAISON, 1970.)

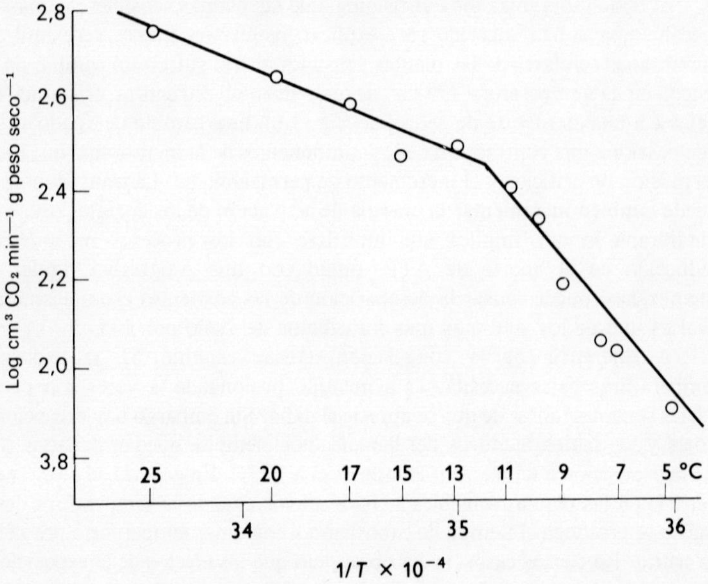

Fig. 3-5 Representación de Arrhenius de la tasa de respiración de las hojas de pepino. (Modificado de MINCHIN y SIMON, 1973.)

Procesos fisiológicos tales como la respiración muestran una discontinuidad similar en la representación de Arrhenius a la temperatura crítica de las especies sensibles al frío (fig. 3-5).

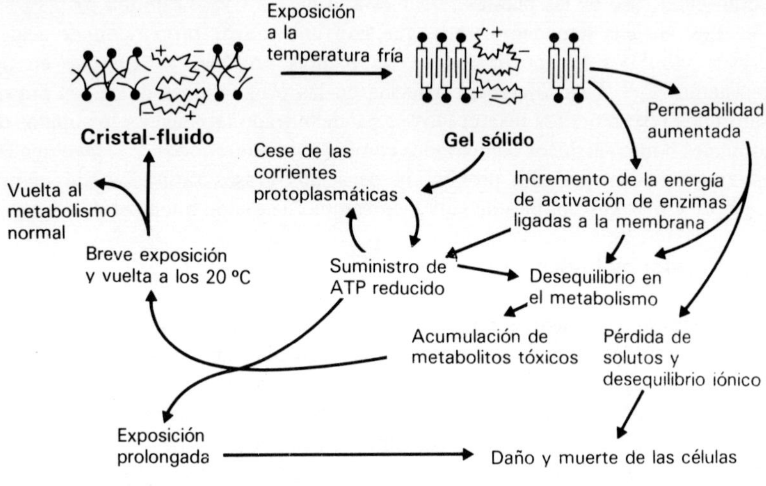

Fig. 3-6 Diagrama representando los hechos que se suceden en el daño por frío en tejidos de plantas sensibles. (De LYONS, 1973.)

El frío desorganiza toda la fisiología de las plantas sensibles, y una serie de mecanismos se han sugerido para explicar los efectos. Parece verosímil que las membranas celulares de las plantas sensibles al frío sufren un cambio de estado físico, en la temperatura crítica, de una normal estructura cristalina líquida flexible a una estructura de gel sólido (fig. 3-6). Este cambio de estado se supone que ocasiona una contracción de los componentes de la membrana, que causan la formación de orificios y el incremento de permeabilidad. La transición de estado puede también incrementar la energía de activación de los enzimas propios de la membrana lo que implica que interfiere con los procesos metabólicos. La reducción en el aporte de ATP, unido con una progresiva rigidez de las membranas, puede causar la desaparición de las corrientes protoplasmáticas, lo cual es uno de los síntomas más inmediatos del daño por frío.

A diferencia de la congelación, (véase capítulo 5), la exposición a temperaturas bajas necesita ser a menudo prolongada (a veces son necesarias varias semanas) antes de que se aprecie el daño. Sin embargo hay excepciones; las hojas y los frutos maduros del banano, por ejemplo, quedan dañados con una corta exposición a temperaturas inferiores a 10 °C. En general, el efecto negativo del frío en las plantas sensibles se hace mayor cuando la temperatura desciende más o se prolonga el tiempo de exposición a cualquier temperatura por debajo de la crítica. En ciertos casos, se ha observado que los efectos de la exposición a las temperaturas bajas puede paliarse si posteriormente la planta se traspasa a una temperatura superior. En *Zea mays,* lesiones visibles de las hojas de las plántulas aparecen a las 36 horas de exposición a 3 °C, pero al traspasarlas a 21 °C, las hojas vuelven a ser normales y los síntomas de daños desaparecen en 72 horas. Sin embargo, las plantas sensibles al frío no pueden ser "habituadas" aparentemente al frío mediante exposición gradual a temperaturas en descenso como en el caso de las plantas sensibles a la helada (véase capítulo 5).

Los análisis han demostrado que hay una mayor proporción de ácidos grasos saturados en los lípidos de las plantas sensibles al frío que en las resistentes a él. Una diferencia parecida en las proporciones de ácidos grasos saturados respecto a los insaturados se ha encontrado también en los lípidos de animales homeotérmicos comparados con los poiquilotérmicos, y se cree que las membranas con una alta proporción de ácidos grasos saturados son menos estables y más susceptibles de sufrir un cambio de estado a temperaturas bajas.

3.4 El reloj biológico

Todos los organismos vivos parecen poseer algún mecanismo interno para la medición del tiempo por el cual son reguladas las actividades diarias y estacionales. Algunos ejemplos del funcionamiento del reloj biológico en relación con el crecimiento vegetal y fenómenos termoperiódicos se mencionarán más adelante (capítulo 4). Un mecanismo cronométrico que se acelerara (o desacelerara) a altas temperaturas sería considerablemente ineficaz, por lo tanto, al igual que los relojes fabricados por el hombre, los relojes biológicos están compensados termométricamente, es decir, tienen un Q_{10} pequeño. Valores de

Tabla 3 Dependencia a la temperatura de varios ritmos vegetales (Según SWEENEY, 1969).

Planta	*Ritmo*	Q
Neurospora sp.	Crecimiento zonal en luz roja difusa	1,03
Pilobolus sp.	Esporulación	1,30
Gonyaulax polyedra	Luminiscencia en la oscuridad	0,90
(un dinoflagelado)	División celular en luz difusa	0,85
Dedogonium sp.	Esporulación en la luz	0,80
Euglena sp.	Fototaxis	1,01—1,10
Heilanthus annuus	Exudación de la raiz	1,10
Avena sativa	Crecimiento del coleóptilo	1,00
Phaseolus vulgaris	Movimientos nocturnos de las hojas	1,01—1,30

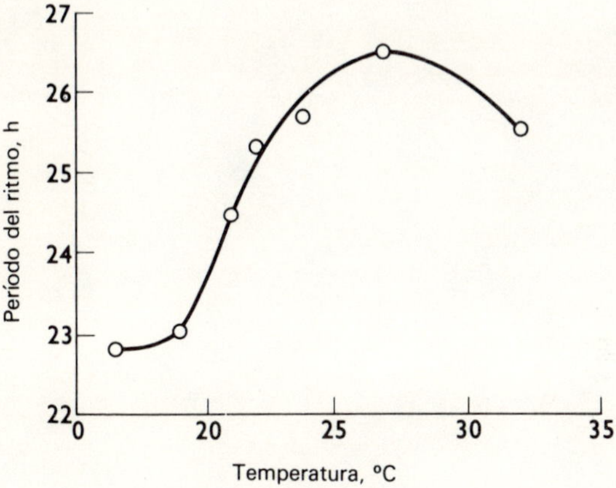

Fig. 3-7 Período del ritmo circadiano en la luminiscencia de *Gonyaulax polyedra* en función de la temperatura. (De SWEENEY, 1969.)

Q_{10} para algunos de los ritmos diurnos (circadianos, esto es, cerca de 24 horas) que ocurren en las plantas se dan en la tabla 3.

La tabla 3 muestra que hay ritmos que van más rápidos, es decir, que tienen períodos más cortos a temperaturas elevadas ($Q_{10} > 1,0$), aunque algunos resultan ser más lentos. Cuando se representa gráficamente la periodicidad de un ritmo con respecto a la temperatura, aparece un máximo (o un mínimo) para una temperatura determinada (véase fig. 3-7). Esta clase de curva sugiere que la insensibilidad a la temperatura es el resultado de una interacción entre dos o más reacciones que tienen diferentes coeficientes de temperatura. Supongamos que el efecto de una reacción sea el aumentar el período, y el de la otra, de reducirlo. Si ambas reacciones quedan afectadas exactamente en la misma intensidad por el cambio de temperatura, el período no sufrirá cambio alguno y se habrá conseguido una perfecta compensación de la temperatura. Si por otra parte, las dos reacciones quedan afectadas distintamente, el período puede alargarse o acortarse al aumentar la temperatura, dependiendo de la reacción más afectada. El hecho de que valores de Q_{10} inferiores a la unidad pueden ser observados parece que indique la posibilidad de que el reloj biológico sea controlado enteramente por un proceso físico insensible a la temperatura, como lo es la difusión, pero es también posible que reacciones físicas, así como químicas, estén implicadas en un sistema compensado termométricamente, tal como el descrito anteriormente.

Temperatura y crecimiento 4

4.1 Respuesta a la temperatura

Por el hecho de afectar al metabolismo, la temperatura también influye en el crecimiento. El crecimiento, medido ya sea por el aumento en peso seco o por otro método, es lento a temperaturas cercanas a 0 ºC y se incrementa rápidamente con la temperatura hasta alcanzar un valor máximo que, para las plantas mesófilas, se dispone generalmente entre los 20-35 ºC (fig. 4-1). Por encima de este intervalo, el crecimiento se estabiliza y luego desciende hasta que se alcanza la temperatura de crecimiento cero. A una temperatura todavía superior a ésta, la planta perece.

Las temperaturas óptimas para el crecimiento y el intervalo en el cual se mueve varía ampliamente de especie en especie, incluso entre los ecotipos de una misma especie. Por lo regular, las plantas que se crían en las regiones más frías tienen óptimos de temperatura inferiores, así como inferiores temperaturas de

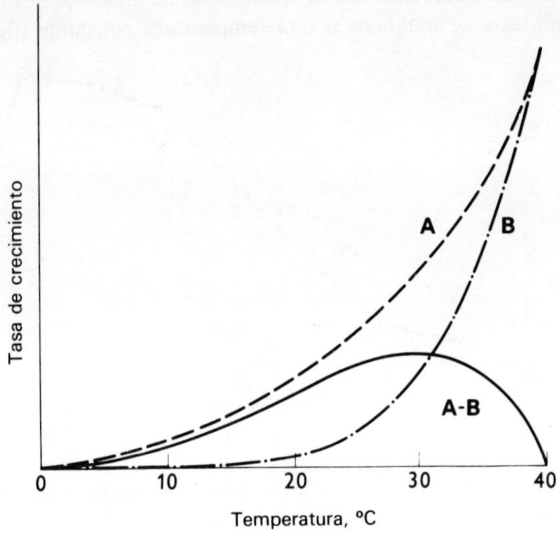

Fig. 4-1 Efecto de la temperatura en la tasa de crecimiento de un vegetal mesófilo. La curva de crecimiento (A-B) es la resultante de la curva A, que representa el aumento en energía de activación de las reacciones químicas con el aumento de la temperatura, y la curva B, que representa el aumento de la inactivación de los enzimas a medida que la temperatura sube.

muerte, que las plantas de lugares más cálidos, sobreviviendo mucho mejor a las bajas temperaturas. Algunas algas de las aguas árticas y antárticas sobreviven indefinidamente y, presumiblemente, crecen a temperaturas que rara vez exceden los 0 °C en más de una fracción de grado. En otro extremo, las cianofíceas que se encuentran en las fuentes termales pueden crecer a temperaturas de hasta 85 °C.

La curva de crecimiento típicamente asimétrica en forma de campana de la figura 4-1 puede interpretarse como el resultado de dos acciones opuestas. Por una parte, la energía de activación aumentada de las moléculas que participan en la reacción como resultado del aumento de la temperatura (curva *A*), favorece el aumento del crecimiento, y, por otra parte, la progresiva inactivación de los enzimas al elevarse la temperatura (curva *B*) lo inhibe. La relación es similar a la que hay entre la temperatura y otros procesos fisiológicos, pero la correlación no es exacta. La respiración, por ejemplo, presenta generalmente un óptimo de temperatura mayor que el del crecimiento, mientras que el de la fotosíntesis es, por lo común, menor.

En realidad, las respuestas del crecimiento a la temperatura son mucho más complicadas de lo que este simple análisis indica. La temperatura óptima para el crecimiento varía entre los diferentes órganos de una misma planta e incluso entre los dos lados de un mismo órgano (véase pág. 41). También cambia con la edad de la planta, por lo que el óptimo aparente puede variar según el espacio de tiempo en que se realizan las mediciones (comparar los efectos de temperatura en la respiración, pág. 19). Los cambios de temperatura en una parte de la planta, por ejemplo la raíz, pueden afectar al crecimiento de otra (por ejemplo el brote) incluso cuando ésta se mantiene a una temperatura constante (fig. 4-2).

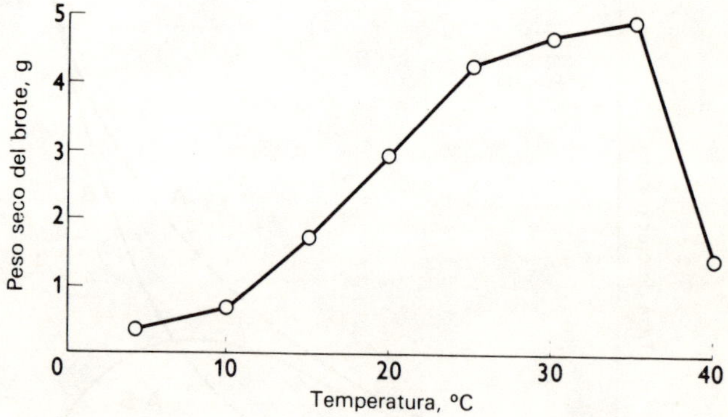

Fig. 4-2 Efecto de la temperatura radical sobre el peso seco del brote en *Zea mays*. (Modificado de COOPER, 1975.)

Los efectos de la temperatura en el crecimiento de los vegetales bajo condiciones naturales se complica por las grandes fluctuaciones que ocurren diariamente o estacionalmente. Se han estimado una serie de unidades térmicas (temperatura × tiempo) que se requieren para alcanzar estadios determinados del desarrollo de una planta, y a veces se han publicado tablas de las llamadas "constantes térmicas". Estas generalmente dan sólo una idea aproximada de los requerimientos térmicos de una especie, ya que la forma en que varían las temperaturas es a menudo de gran importancia, y la intensidad de luz contribuye, en gran parte, al contenido calorífico de una planta (véase capítulo 2). Sin embargo, cuando el flujo de luz es bastante constante, los efectos acumulativos de la temperatura durante la estación pueden determinar el tiempo que precisará un cultivo para alcanzar la madurez. Este parece ser el caso, por ejemplo, de la piña tropical cultivada en Hawai.

Cualquiera que tenga experiencia en el cultivo de plantas en un invernáculo o en su casa, sabrá que muchas crecen mejor cuando la temperatura de noche es inferior a la temperatura diurna. Los tomates, por ejemplo, crecen más aprisa cuando la temperatura es de 26 °C durante el día y 17 °C durante la noche que cuando se crían a una temperatura constante de 26 °C o cualquiera otra temperatura intermedia (fig. 4-3). Por esta razón, los tomates no crecen bien en países cálidos si las temperaturas nocturnas no descienden apreciablemente.

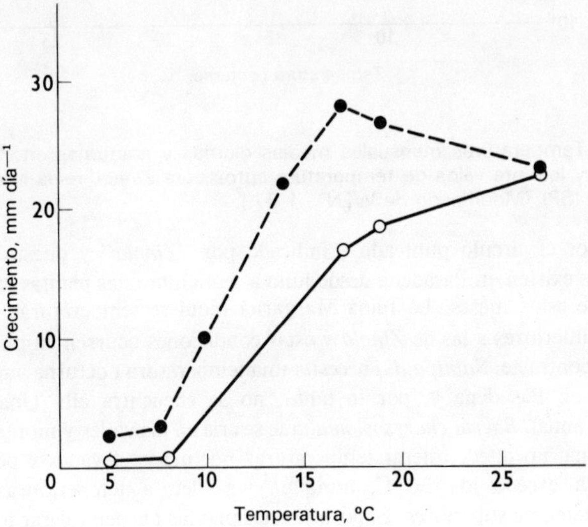

Fig. 4-3 Crecimiento en altura de las tomateras a una serie de temperaturas constantes (o———o), y a una temperatura constante diurna (26 °C) y una serie de temperaturas nocturnas (●— — — —●). (Modificado de WENT, 1945.)

El profesor F.W. WENT de la Universidad de California ha demostrado que la distribución geográfica de algunas plantas puede estar determinada por las fluctuaciones diarias de temperatura durante la estación de crecimiento. Los cambios en la media mensual de temperaturas diurnas y nocturnas en Pasadena, California, durante el año están representados por una estrecha elipse en la figura 4-4. *Zinnia* presenta un intervalo de requerimiento de temperaturas

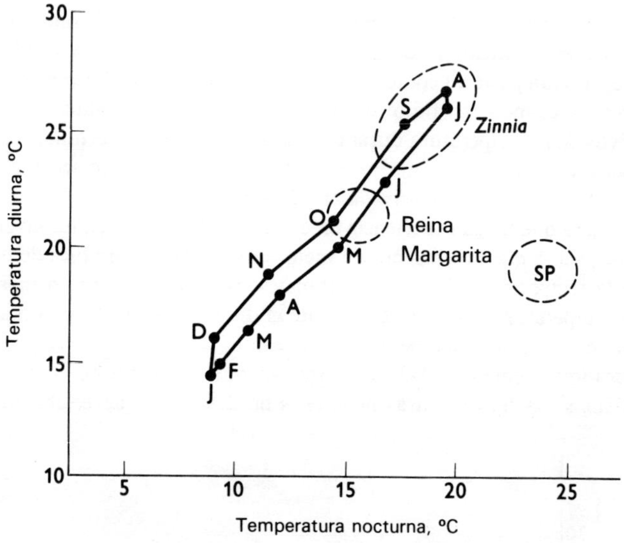

Fig. 4-4 Temperaturas mensuales medias diurnas y nocturnas en Pasadena, California, y los intervalos de temperatura aptos para *Zinnia,* reina Margarita y *Saintpaulia* (SP). (Modificado de WENT, 1957.)

indicado por el círculo punteado e indicado por *"Zinnia"* y puesto que tales condiciones existen en Pasadena desde julio a septiembre, las plantas crecen bien allí durante estos meses. La reina Margarita requiere temperaturas diurnas y nocturnas inferiores a las de *Zinnia* y estas condiciones ocurren en primavera y otoño. En contraste, *Saintpaulia* necesita una temperatura nocturna superior a la que existe en Pasadena y, por lo tanto, no se encuentra allí. Una pequeña compuesta anual, *Baeria charysostoma,* que se cría en los valles y montañas bajas de California, no puede tolerar temperaturas nocturnas elevadas y perece si la temperatura excede los 26 °C, aunque vive bien a temperaturas diurnas considerablemente superiores. El porqué estas plantas pueden tolerar temperaturas diurnas superiores a las nocturnas es desconocido (véase capítulo 6).

Se ha encontrado que la temperatura baja durante la noche causa que algunas plantas tengan un mayor contenido de azúcar, y esto puede ser uno de los factores que promuevan el aumento de crecimiento en estas condiciones. El descenso de la temperatura nocturna condiciona un incremento del crecimiento de la raíz en relación al tallo en el tabaco y patata, incrementándose el transporte de azúcar a la raíz, pero no está claro si ésto es el resultado o la causa del aumento del crecimiento radical. Las pérdidas de hidratos de carbono por respiración se reducen cuando la temperatura nocturna desciende, y parece que la respiración puede disminuir durante la noche sin afectar al crecimiento.

La alternancia de la temperatura diurna y nocturna es uno de los factores que influyen en la formación de tubérculos de la patata. Cuando se cultivan bajo días largos (períodos de luz de 16 horas) las patateras no forman tubérculos si la temperatura del día es de 30 °C o más, cualquiera que sea la temperatura de noche, pero a temperaturas diurnas inferiores se forman patatas siempre que la temperatura nocturna esté por debajo de la diurna. Bajo días cortos (período de iluminación de 8 horas), la formación máxima de tubérculos ocurre cuando tanto el día como la noche tienen las mismas temperaturas (óptimo a 17 °C). La formación de tubérculos en la patatera se cree que está controlada por un principio inductor de tubérculos, la síntesis, transporte o actividad del cual se ve afectado por la temperatura y luz.

4.2 Crecimiento celular

Las plantas aumentan en tamaño principalmente como resultado del crecimiento celular. La velocidad del alargamiento de las raíces del guisante y coleóptilos de maíz incrementa casi linealmente con el aumento de la temperatura, entre los 13 y 30 °C, y por encima de esta temperatura la velocidad desciende marcadamente (fig. 4-5). El alargamiento celular implica síntesis de los

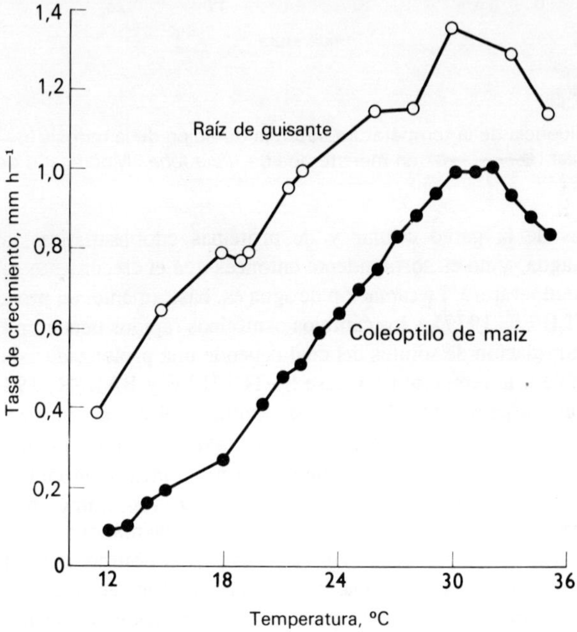

Fig. 4-5 Efecto de la temperatura en la tasa de alargamiento de las raíces de guisante (o——o) y coleóptilos de maíz (●——●). (Modificado de LEOPOLD y KRIEDEMANN, 1975).

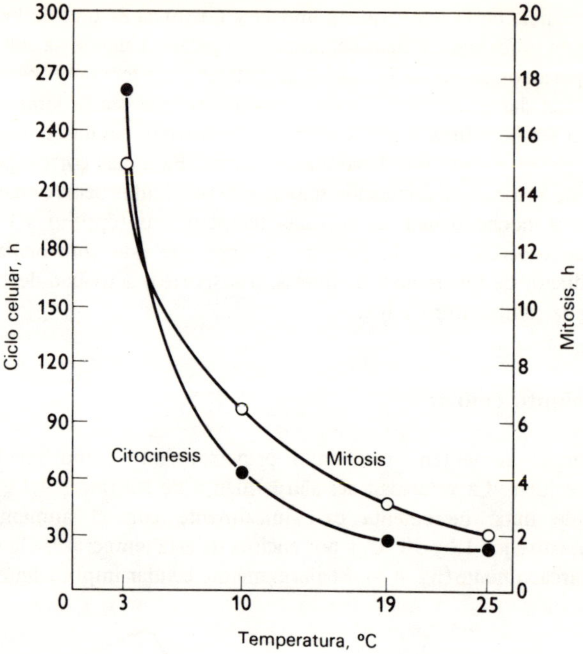

Fig. 4-6 Influencia de la temperatura sobre la duración de la mitosis (o——o) y el ciclo celular (●——●) en meristemos de *Vicia faba*. (Modificado de STREET y OPIK, 1976.)

constituyentes de la pared celular y de proteínas citoplasmáticas, así como captación de agua, y no es sorprendente entonces que el crecimiento celular sea sensible a la temperatura. La captación de agua es, básicamente, un proceso físico (véase SUTCLIFFE, 1977), y los cambios osmóticos rápidos tienen un Q_{10} bajo, aunque la acumulación de solutos del cual depende una prolongada captación de agua es sensible a la temperatura (véase SUTCLIFFE y BAKER, 1974).

Ya que el alargamiento celular no es ilimitado, el crecimiento continuado depende de la producción de nuevas células por división celular. La temperatura afecta tanto a la mitosis (la división de los cromosomas) como a la citocinesis (fig. 4-6). En los meristemas radicales de *Vicia faba*, ambos procesos se desarrollan con gran lentitud por debajo de los 3 °C y a la mayor rapidez a 25 °C.

El profesor R. BROWN, de la Universidad de Edimburgo, midió la tasa de división celular y la duración de cada fase del ciclo mitótico en raíces de guisante a varias temperaturas y encontró que todos los estadios se veían afectados (tabla 4). Las diferencias entre los efectos de la temperatura en las diversas fases son, sin duda, atribuibles a las diferencias en el coeficiente de temperatura de las reacciones químicas implicadas.

Tabla 4 Efecto de la temperatura en la mitosis y división celular de las raíces de *Pisum sativum*. Se da la duración media (en horas) de cada fase de la división celular para cuatro temperaturas. (Datos de BROWN, 1953.)

Fase	*Duración media (horas)*			
	15 °C	20 °C	25 °C	30 °C
Interfase	22,60	17,00	14,50	13,30
Profase	2,10	1,30	0,90	0,70
Metafase	0,40	0,24	0,24	0,19
Anafase	0,08	0,07	0,05	0,04
Telofase	0,37	0,22	0,19	0,16
Total	25,55	18,83	15,88	14.39
Q_{10}		1,60	1,30	

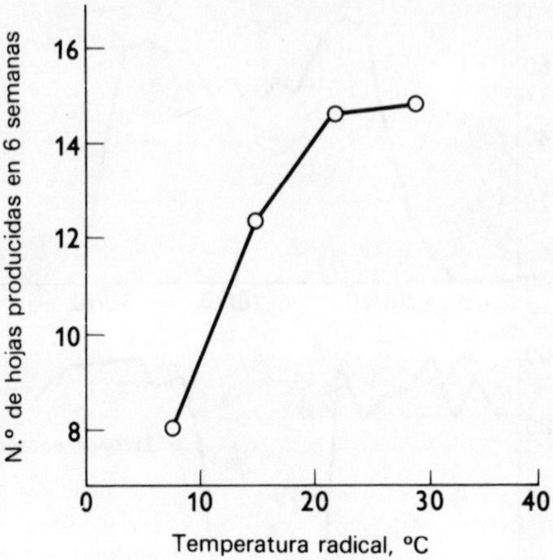

Fig. 4-7 Efecto de la temperatura de la raíz en el número de hojas producidas por las plantas del tabaco (cultivar Hicks) durante 6 semanas. (Modificado de COOPER, 1975.)

Al afectar la temperatura a la tasa de división celular en los meristemos, no sorprendente, entonces, que influya en la tasa de formación de primordios foliares. El efecto de la temperatura radical en la producción de hojas se muestra para el tabaco en la fig. 4-7.

En las regiones templadas, la temperatura del aire es el factor más importante para la nueva actividad del cámbium en primavera. Inicialmente, el efecto es atribuible a una influencia de la ruptura de yemas (véase más adelante), pero durante el crecimiento ulterior hay también una correlación directa entre la división celular del cámbium y la temperatura. Una temperatura primaveral óptima da lugar a la producción de un gran número de elementos xilemáticos y a una amplia banda de madera, siempre que los demás factores, como el aporte de agua, no sean limitantes.

4.3 Germinación de la semilla

Las semillas secas son extremadamente tolerantes a la temperatura y pueden soportar frío o calor extremos durante corto tiempo sin efectos perjudiciales. Algunas han sobrevivido a temperaturas próximas al cero absoluto (—273 °C) y, en el otro extremo, las semillas de alfalfa *(Medicago sativa)* continúan estando vivas después de ser calentadas durante 30 minutos a 120 °C. Sin embargo, las altas temperaturas reducen la viabilidad de las semillas y es mucho mejor conservarlas a baja temperatura.

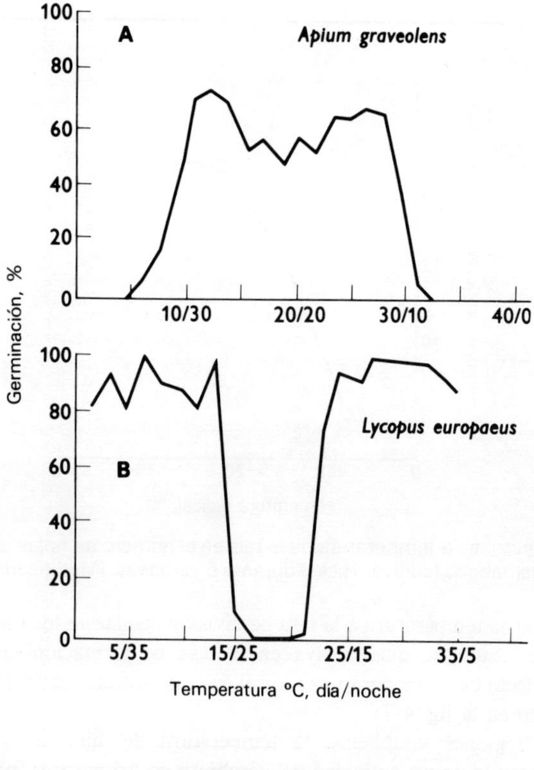

Fig. 4-8 Influencia de la fluctuación diaria de temperatura en la germinación del apio *(Apium graveolens)* y de la menta de lobo *(Lycopus europaeus).* (Según THOMPSON, 1974.)

Para cada especie, existe un mínimo y un máximo para la cual la germinación de la semilla no se realizará fuera de este intervalo. Los granos de cebada, trigo y centeno, por ejemplo, no germinarán por debajo de los 3-5 ºC ni por encima de los 30-40 ºC, mientras que los granos de maíz sólo germinan entre los 8-10 ºC y 40-44 ºC.

A veces la temperatura a la cual puede curarse la germinación varía a medida que la semilla tiene más edad. En *Brassica juncea,* tan sólo el 8 % de las semillas podrán germinar a 25 ºC inmediatamente después de recogidas las semillas, pero 3 semanas más tarde el 95 % de las semillas germinará a esta temperatura.

Muchas semillas germinan perfectamente a una temperatura constante pero hay otras, por ejemplo el apio y la menta de lobo, que germinan mejor a temperaturas fluctuantes (fig. 4-8). El significado ecológico de esta respuesta a la alternancia diaria de la temperatura puede ser el de que promueva la germinación de aquellas semillas próximas a la superficie del suelo, donde ocurren tales fluctuaciones, y evite la de las semillas enterradas a más profundidad. La razón por la cual la temperatura consigue estimular la semilla para que germine no es evidente todavía, pero se ha sugerido que los cambios de temperatura pueden aumentar la permeabilidad de las membranas y cubiertas seminales.

La germinación de algunas semillas, por ejemplo las judías y los guisantes, es inhibida por breves períodos de frío, 5 ºC o menos, durante la etapa de hidratación. El efecto va acompañado de una reducción en la tasa de respiración, la cual persiste durante un cierto tiempo. El efecto de la baja temperatura puede, en la germinación de los guisantes, prevenirse con el tratamiento de las semillas con citoquinina durante la etapa de hidratación, lo que sugiere que la baja temperatura afecta al equilibrio entre las sustancias promotoras e inhibidoras del crecimiento (véase pág. 36). En las semillas de algodón, una corta exposición a baja temperatura durante la germinación previene la conversión de los lípidos acumulados en hidratos de carbono necesarios para el crecimiento. El efecto no parece que incida directamente en los enzimas implicados sino más bien en las membranas que separan las enzimas de sus sustratos. Posiblemente, el frío causa un cambio en la estructura de estas membranas que afectaría a su permeabilidad (véase pág. 24).

Algunas semillas, en especial de especies rosáceas (manzano, cerezo, melocotonero, ciruelo, etc.), no germinarán o lo harán muy menguadamente si no se exponen a un ambiente húmedo y de baja temperatura (0-10 ºC) durante varias semanas o meses (fig. 4-9). La práctica comercial de tratar las semillas en estas condiciones para prepararlas para la germinación se denomina "estratificación" pues las semillas generalmente se guardan en capas. El requerimiento a una temperie fría durante un largo período de tiempo antes de que la germinación ocurra, evita el crecimiento precoz en otoño e invierno en respuesta a breves períodos bonancibles.

Durante la estratificación el embrión puede crecer, pero en varios casos no se aprecia ningún cambio morfológico en la semilla.

Aparecen, sin embargo, cambios profundos en la composición química. Por

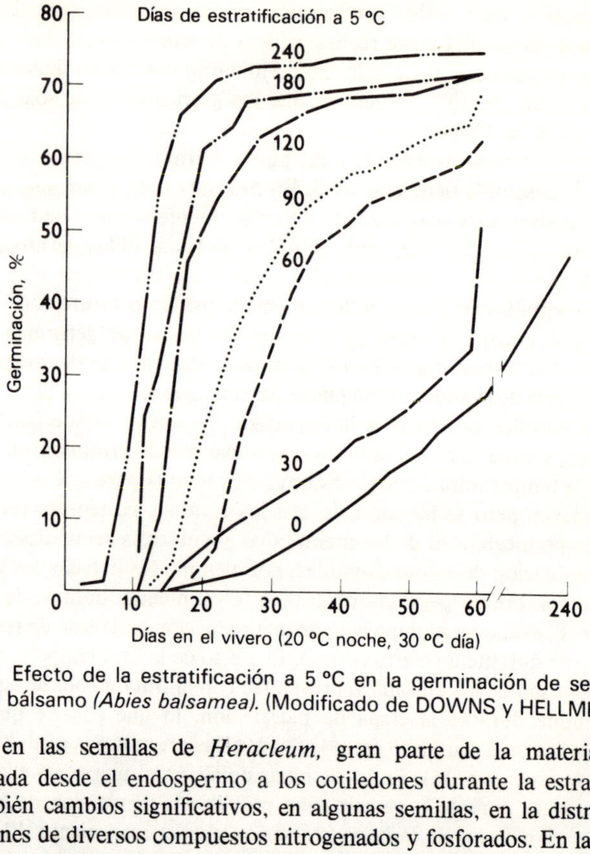

Fig. 4-9 Efecto de la estratificación a 5 °C en la germinación de semillas de abeto del bálsamo *(Abies balsamea)*. (Modificado de DOWNS y HELLMERS, 1975).

ejemplo, en las semillas de *Heracleum*, gran parte de la materia seca es transportada desde el endospermo a los cotiledones durante la estratificación. Hay también cambios significativos, en algunas semillas, en la distribución y proporciones de diversos compuestos nitrogenados y fosforados. En las semillas de manzana se ha detectado una reducción del nivel de sustancias inhibidoras del crecimiento durante la estratificación, y, en otras, como las semillas de avellana, un incremento de promotores del crecimiento tales como de citoquininas. En ciertos casos (como en el melocotón), aunque no siempre (como la manzana), la querencia de frío para la germinación puede sustituirse por tratamiento con ácido giberélico. Esto sugiere que, al menos en algunos casos, una alteración en el balance de los promotores e inhibidores del crecimiento puede actuar de forma que la germinación se dispare. (Véase VILLIERS (1975) para más información sobre este tema y el siguiente.)

4.4 Reposo de las yemas

En las regiones templadas, las plantas entran en reposo por lo común antes de la llegada del invierno, y el crecimiento se realiza en la siguiente estación a partir de las yemas hibernantes. Las yemas hibernantes se desarrollan a menudo en verano, antes de que la temperatura media comience a descender, y, generalmente, la señal de aviso es la duración del día. En muchos árboles caducifolios las yemas en reposo se forman en respuesta a los días más cortos especialmente cuando éstos van acompañados de una temperatura más baja o de deficiencia de agua.

La interrupción del reposo en la yema puede estar controlada por el fotoperíodo, la temperatura o, en la mayoría de los casos, por una combinación de ambos. Las yemas de muchos árboles y arbustos no se abrirán en primavera si no han estado expuestas a un prolongado período de bajas temperaturas (compararlo con la estratificación). Las ramas de las lilas, por ejemplo, si se mantienen en un lugar caliente durante el otoño o principios de invierno, no iniciarán su crecimiento, pero después de varias semanas de exposición a temperaturas bajas las yemas se abren rápidamente al subir la temperatura. Cada yema se comporta independientemente, y si una lila se mantiene en un invernadero a una temperatura alta durante el invierno, con una rama que salga al exterior, ésta empezará a crecer primero cuando las temperaturas suban en primavera.

El requerimiento de un período frío que induzca la ruptura de las yemas en los árboles frutales como el melocotonero limita a veces los lugares en que pueden crecer. Se han introducido nuevas variedades que presentan un requerimiento frío más corto, y pueden cultivarse con éxito en lugares donde los inviernos son menos severos y los probabilidades de heladas primaverales son menores.

Existe un efecto interesante de la temperatura en la interrupción del reposo de las yemas florales de algunas especies tropicales. Es bien conocido que la floración del café en Nigeria ocurre a menudo en un determinado número de días después de una precipitación. A veces, por ejemplo después de una fuerte lluvia, puede esto atribuirse a un mejoramiento de las condiciones hídricas, pero en otros casos, en que una ligera precipitación es efectiva, y el efecto puede ser debido al repentino descenso de la temperatura que acompaña a la lluvia. Una explicación parecida se ha dado a la regular floración de *Dendrobium crumentatum* y otras orquídeas epífitas de Malasia 8-10 días después de una tormenta seguida de un período seco.

Los tratamientos que inducen la ruptura de las yemas, a veces y no siempre, parecen causar una reducción de los niveles de sustancias inhibidoras del crecimiento, y un aumento en las concentraciones de citoquininas y giberelinas en las yemas también se ha observado.

En algunos casos, la aplicación de ácido giberélico consigue interrumpir el reposo de la yema sin un tratamiento frío y parece verosímil que, al igual que en las semillas, un cambio en las concentraciones de las sustancias reguladoras del crecimiento es la señal de la interrupción del reposo en las yemas.

4.5 Bulbos y cormos

El ciclo biológico de las plantas monocotiledóneas, como los narcisos, tulipanes y crocos que florecen en primavera o principios de verano y luego mueren produciendo bulbos o cormos perdurantes que soportan la sequía estival o los fríos invernales, está fuertemente influido por la temperatura.

La inducción de la formación de bulbos en la cebolla ha sido demostrado que es un fenómeno fotoperiódico, pero poco se conoce todavía del control de la formación de bulbos en otras especies. El crecimiento del bulbo y cormo está evidentemente influido por la temperatura, que afecta particularmente a la inducción de flores. En algunos casos, como en los narcisos, los primordios florales se forman cuando los bulbos están todavía aumentando de tamaño. Sin embargo, en la mayor parte de los lirios bulbosos, los primordios florales empiezan a formarse en invierno, cuando los bulbos están en reposo, pero se necesita una previa exposición a temperatura elevada (20-30 ºC) para que la floración se desarrolle en su totalidad. Esto es lo contrario de la "vernalización" que se comenta posteriormente en el apartado 4.6. Las temperaturas óptimas para la formación de flores en los bulbos de narciso y tulipán son de 17-20 ºC, mientras que para los jacintos es mejor 25 ºC. Manipulando la temperatura, a la cual los bulbos y cormos se conservan después de su formación, es posible regular el tiempo de floración. Una floración anticipada a la normal puede obtenerse en los narcisos, jacintos y tulipanes conservando los bulbos recién formados a temperaturas bastante elevadas, a unos 30-35 ºC durante unos cuantos días. Dichos bulbos "preparados" pueden hacerse florecer varias semanas antes de lo normal, en Navidad en las latitudes septentrionales. Este tratamiento con temperatura alta tiene la ventaja de reducir el daño a las flores y hojas que pudiera ocurrir durante el tratamiento de agua caliente para el control de nemátodos. La inmersión en agua a 43-44 ºC durante 3-4 h es necesaria para destruir las larvas de nemátodos en un bulbo de narciso de tamaño medio, y existe menor riesgo de daño en este tratamiento si ha habido ya un tratamiento con alta temperatura (para otros ejemplos similares de adaptación térmica, ver capítulo 6).

Durante el crecimiento inicial de los bulbos, cuando comienzan a formarse las nuevas raíces y el brote empieza a alargarse, se requiere una temperatura baja (<10 ºC). Cualquiera que haya intentado cultivar bulbos en interior, en algún lugar caliente, como al lado de la calefacción, sabrá las desastrosas consecuencias. Después de la formación de un adecuado sistema radical y la emergencia del brote, los bulbos pueden sin problemas ser "forzados" a florecer con anticipación elevando la temperatura, pero esto es mejor hacerlo gradualmente.

En algunos casos, se requiere un tratamiento con una temperatura anormalmente alta para romper el reposo de los bulbos. En la Provincia del Cabo, en Sudáfrica, hay varias especies raras con bulbo que permanecen en reposo en el suelo durante años, y comienzan a crecer sólo después de que el fuego haya quemado el área destruyendo la vegetación. En tales casos parece que una breve exposición a temperaturas de varios cientos de grados centígrados es necesaria para iniciar el crecimiento.

4.6 Vernalización

Algunas plantas necesitan estar expuestas a un período de baja temperatura antes de que florezcan. Se cuentan entre éstas las plantas bienales como la remolacha azucarera, que normalmente permanece en estado vegetativo durante la primera estación de crecimiento y florece al año siguiente después de una exposición prolongada al frío. Hay otras plantas, en especial las variedades de invierno del centeno, que florecen si se cultivan continuamente a una temperatura alta, pero lo hacen mucho más rápidamente después de un tratamiento con frío. Así pues, exponiendo artificialmente estas plantas a un breve período de baja temperatura es posible provocar la floración anticipadamente.

Esta técnica fue aplicada por el agrónomo ruso LYSENKO en los años veinte en el cultivo de cereales, y la llamó "jarovización", esto es, "primaverización", que ha sido traducido por "vernalización". El término se aplica hoy día no sólo al tratamiento artificial de las plantas a una baja temperatura para promover la floración, sino también al proceso que ocurre en la naturaleza.

Las semillas de algunas variedades de cereales conocidas como anuales de invierno, como el trigo de invierno y el centeno Petkus, se siembran normalmente en otoño e inmediatamente comienzan a germinar. Pasan el invierno en forma de pequeñas plántulas y durante este tiempo quedan expuestas a temperaturas bajas. Durante la primavera continúan creciendo y florecen a principios de verano. Las variedades de primavera de estos cereales no requieren el tratamiento de bajas temperaturas y pueden sembrarse en primavera. Las variedades de invierno pueden también plantarse en primavera si previamente a la germinación se han tratado con bajas temperaturas.

Para la mayoría de las especies, son óptimas las temperaturas dentro del intervalo 0-5 °C para la vernalización, y también son efectivas temperaturas bajo cero si la planta puede soportarlas. Después de la vernalización, la inmediata exposición a una alta temperatura anula el efecto. En el centeno Petkus la exposición de plántulas vernalizadas a 35 °C a tan sólo 24 horas después del tratamiento frío es suficiente para causar la desvernalización. El centeno Petkus puede ser vernalizado y desvernalizado varias veces de este modo sin efectos perjudiciales.

Existe también una interacción entre la vernalización y fotoperíodo, al menos en el centeno. La exposición a días cortos de granos no vernalizados sustituye en cierta medida el tratamiento en frío. Sin embargo, después de la vernalización, la floración del centeno Petkus es fuertemente estimulada por los días largos.

La semilla en reposo no puede ser vernalizada ya que el estímulo de baja temperatura se recibe por lo visto sólo en las células en división, en el embrión o en la plántula. Una vez los meristemos han sido vernalizados todas las yemas derivadas de tales meristemas producirán flores tempranas. Sin embargo, si hay algún meristemo en reposo en una planta en el momento de vernalizarla, éste continuará produciendo flores tardíamente como en una planta no vernalizada. Esto parece implicar que la vernalización, a diferencia de la inducción fotoperiódica de la floración, no produce un "florígeno" móvil o sustancia inductora de la floración, sino que más bien causa una modificación genética que altera el plan de desarrollo de un grupo individual de células. Las plantas bienales típicamente crecen vegetativamente durante la primera estación y forman una roseta de hojas que puede morir con la entrada del invierno, sobreviviendo la planta mediante órganos perdurantes tales como raíces engrosadas o hipocótilos. Durante la primavera siguiente se desarrolla un tallo florífero de la base de la planta y generalmente se alarga rápidamente. Aunque la floración a veces ocurre en la primera estación, normalmente se realiza solamente después de la exposición de las plantas a varios días o semanas de temperaturas cercanas a 0 °C. La floración en muchas bienales después del tratamiento frío es, como en las anuales de invierno, promovida por los días largos y en algunos casos, como en el beleño negro *(Hyoscyamus niger),* que se ha empleado mucho en investigaciones sobre la vernalización, la floración no aparece en días cortos. Se ha observado que el requerimiento de temperaturas bajas en algunas plantas de día largo, incluyendo el beleño, puede satisfacerse tratando el meristema apical con ácido giberélico. Sin embargo, la giberelina provoca la elongación del tallo florífero primero, y posteriormente se forman las yemas floríparas, mientras que en una planta vernalizada las yemas floríparas se forman antes de que el tallo se alargue, por lo que el papel de las giberelinas en la respuesta a la vernalización es todavía incierta.

El fisiólogo alemán Melchers asegura haber demostrado que el estímulo de la vernalización en las plantas bienales puede transmitirse a través de una unión de injerto. El hallazgo básico es que una planta inducida a florecer mediante un tratamiento frío inducirá la floración en un receptor no vernalizado sobre el cual se realiza el injerto. MELCHERS sugiere que la vernalización causa la producción de una hormona, la "vernalina", que induce la floración. Sin embargo, tal sustancia no ha sido todavía aislada ni identificada.

Existen muchas especies de plantas que requieren el tratamiento frío para la floración, pero que no caen en ninguna de las categorías mencionadas. El crisantemo por ejemplo es una planta perenne que florece con días cortos, requiriendo un único tratamiento frío antes de que responda al fotoperíodo. Los esquejes tomados de una planta que ha sido tratada de dicho modo conservan la capacidad de respuesta independientemente del tiempo transcurrido desde el tratamiento frío.

4.7 Termotropismo y termonastia

Si a través de un órgano en crecimiento existe un gradiente de temperatura, los dos lados tendrán diferentes tasas de crecimiento y se formará una curvatura trópica. En general, el gradiente de temperatura es demasiado pequeño para causar un efecto significativo, pero, ocasionalmente, se han observado respuestas termotrópicas en las raíces. Cuando el órgano se dobla hacia la temperatura mayor (estimulándose el crecimiento en el lado más frío) se habla de termotropismo positivo, mientras que el doblarse hacia la temperatura menor se habla de negativo (comparar con fototropismo y geotropismo). Presumiblemente, la diferencia de comportamientos se relaciona con la temperatura óptima para el crecimiento; si la mayor temperatura está por encima del óptimo, el órgano se aparta de ella, y si es inferior al óptimo, la respuesta será positiva.

Los movimientos de nastia, tales como los cambios de posición de las hojas, pétalos o flores, aparecen en respuesta a las variaciones de un factor externo, como la intensidad lumínica o la temperatura, sin que esté implicado un gradiente. Un ejemplo de termonastia es la abertura de las flores de tulipán y croco cuando pasan de una temperatura baja (5 ºC) a una mayor (15 ºC). Si se enfrían las flores de nuevo, el perianto vuelve a su posición original y la acción de abrirse y cerrarse puede repetirse todo el tiempo en que los pétalos continúen creciendo. Algo parecido ocurre con *Oenothera,* con la salvedad de que las flores se abren cuando la temperatura desciende y se cierran cuando sube. Estas diferencias en el comportamiento están relacionadas con el comportamiento de los insectos polinizadores, también influidos por la temperatura, por lo que las flores están abiertas cuando los insectos las visitan. Los movimientos florales son el resultado del crecimiento diferencial a ambos lados de las piezas periánticas. Si la temperatura óptima para el crecimiento de la superficie superior es mayor que para la inferior, la superficie superior puede crecer con mayor rapidez a esta temperatura de lo que lo haría la superficie inferior, y esto causa que la flor se abra. A una menor temperatura, la situación se invierte y la flor se cierra. Por otra parte, si la superficie superior crece con mayor rapidez a una menor temperatura, la flor se cerrará cuando la temperatura desciende, tal como ocurre en *Oenothera.* Se ha dicho que las flores de tulipán y croco pueden responder a cambios de temperatura tan pequeños como de 1 ºC.

Los pedúnculos florales de muchas plantas muestran movimientos termonásticos que se manifiestan en el doblamiento de las sumidades durante la noche para invertir las flores. Ello es particularmente notable en algunos miembros de la familia de las umbelíferas, como la zanahoria, y se dice que es un mecanismo para prevenir la excesiva pérdida de calor en las noches frías. En estos casos, los dos lados del pedúnculo de la inflorescencia deben responder diferencialmente a la temperatura. Los pedúnculos son incapaces de responder a cambios de temperatura una vez formados los frutos. Las hojas de algunas plantas también responden al descenso de temperatura mediante unos movimientos de "sueño" que causan la reducción de la superficie expuesta y reducen la pérdida de calor durante la noche. Tales movimientos de las hojas no se producen por crecimiento diferencial sino por cambios reversibles en la turgencia de células "motoras" especializadas próximas a la base del pecíolo foliar o del pedúnculo del folíolo. La forma en que la variación de temperatura puede ocasionar diferencias de turgidez en las células a ambos lados del pedúnculo no está todavía clara, aunque parece ser que se producen cambios en la permeabilidad de las membranas celulares que ocasionan una alteración de potencial osmótico (véase SUTCLIFFE, 1977).

4.8 Maduración del fruto y almacenamiento

Como puede suponerse, los frutos tienden a crecer y madurar con mayor rapidez a medida que la temperatura sube hasta un nivel óptimo, después del cual la tasa de crecimiento desciende. Los frutos secos como los granos de cereales, y algunos frutos "suculentos" como la uva y la naranja, maduran mejor cuando las temperaturas son altas, y son incapaces de madurar con naturalidad si la temperatura es demasiado baja. Los complicados procesos bioquímicos responsables de las características aromáticas de los frutos son muy sensibles a la temperatura, y la temperatura que condiciona una mejor producción frecuentemente no condiciona el mejor sabor. Las marcadas diferencias en el sabor entre las manzanas cultivadas en latitudes templadas septentrionales y las cultivadas en el mediodía se atribuye principalmente a las temperaturas inferiores que existen durante las etapas últimas de la maduración. Las fresas son también más aromáticas cuando crecen a temperaturas no muy altas (unos 10 °C), mientras que a 20 °C, algunas variedades apenas si tienen sabor, aunque puedan crecer más y madurar normalmente a temperaturas superiores. Por otra parte, hay algunos frutos, especialmente de plantas tropicales, para los cuales las temperaturas bajas incluso de 12 °C resultan perjudiciales. Los plátanos y melones en maduración quedan dañados con tan sólo unas pocas horas de exposición a dicha temperatura, que también tiene un efecto adverso para el crecimiento del tomate y pepino (véase fig. 3-4).

La temperatura tiene un efecto marcado en la tasa de respiración de los frutos suculentos, especialmente en los que, como la manzana, el intercambio gaseoso sube hasta un punto crítico para luego caer dramáticamente durante la maduración. Entre ciertos límites, cuanto mayor es la temperatura, mayor es la subida y más alto es el pico del consumo de oxígeno y la evolución del dióxido de carbono. Por otra parte, las bajas temperaturas tienden a reducir o eliminar totalmente este punto climatérico. Sin embargo, tal tratamiento a veces estimula la respiración, por ejemplo en los cítricos, y se cree que esto sea debido a un efecto indirecto inducido por el aumento de formación de eteno (etileno) a temperaturas bajas.

Debido a la complejidad de los efectos de temperatura sobre la maduración de los frutos, la temperatura óptima para la conservación varía marcadamente para las diversas especies. Los granos de cereales y algunos otros frutos secos pueden almacenarse con toda seguridad a temperaturas cercanas al punto de congelación o inferiores, pero la mayor parte de los frutos suculentos se dañan con tales tratamientos. Algunas variedades de manzanas, como la Bramley sin semilla, pueden almacenarse durante largos períodos a 3-5 °C sin ningún efecto perjudicial, pero otros tipos de manzanas empiezan a ponerse pardas prematuramente a esta temperatura. Generalmente no es bueno guardar la fruta inmadura en la nevera con la intención de que maduren más tardíamente, ya que a menudo nunca llegan a madurar. Es mejor guardarlas primero a una temperatura más alta y pasarlas luego al frigorífico tan pronto como estén maduras.

Algunos frutos como la piña tropical, la grosella y la frambuesa pueden almacenarse durante prolongados períodos completamente congelados si la congelación es rápida y se realiza a la sazón. La fruta inmadura no conseguirá madurar ni durante, ni después del tratamiento, mientras que los frutos ya muy maduros se reblandecerán en extremo tan pronto como se descongelen.

Tolerancia a la baja temperatura 5

5.1 Resistencia a las heladas

La sensibilidad a los daños por congelación es el factor más importante limitante de la distribución de las plantas, y es también la causa principal de los perjuicios en las cosechas. Las plantas varían enormemente en su sensibilidad a las bajas temperaturas; algunas tropicales y subtropicales perecen con temperaturas todavía por encima de cero grados (véase capítulo 3), mientras que otras, en especial las plantas arctoalpinas, pueden sobrevivir a prolongados períodos de temperatura bajo cero. Los vegetales que pueden vivir a bajas temperaturas y presentan un óptimo de baja temperatura para el crecimiento se denominan *psicrófilos* (amantes del frío), aunque es evidente que estas condiciones extremas las toleran en vez de disfrutarlas.

La resistencia a la congelación varía marcadamente a lo largo de la vida de la planta. Gran parte de las semillas secas, incluso de plantas sensibles a las heladas, pueden soportar temperaturas que matarían a las jóvenes plántulas. Algunas semillas en reposo han germinado después de exponerlas durante breves períodos a temperaturas próximas al cero absoluto (—273 °C). La resistencia a la congelación se pierde rápidamente al hidratarse la semilla, y la mayor parte de las semillas germinantes mueren a temperaturas en torno a 0 °C. Durante el crecimiento inicial, muchas semillas adquieren un mayor grado de tolerancia a las bajas temperaturas si se exponen a un descenso gradual de temperaturas siempre que sean supraletales. Esta propiedad se aprovecha en las prácticas hortenses para conferir resistencia a las plántulas que han crecido a altas temperaturas en un invernadero o cobertizo. Cuando las plántulas de guisante *(Pisum sativum)* se han mantenido durante varias horas y en varios días sucesivos a 5 °C, pueden soportar los —3 °C sin daño alguno, mientras que las plantas no tratadas perecerían. Esta resistencia sólo aparece cuando las plantas se mantienen a la luz, por lo que, aparentemente los productos de la fotosíntesis son necesarios. Sin embargo, hay algunas plántulas tales como las del tomate a las que no se les puede conferir esta resistencia incluso cuando hay luz.

La resistencia a la congelación en la mayoría de las plantas cambia de acuerdo con los cambios ambientales de la temperatura ambiente. En verano, cuando la temperatura es normalmente alta, muchas plantas son más susceptibles a una caída de las temperaturas que en invierno, cuando el tiempo es mucho más frío. Este proceso, conocido como *aclimatación,* está bien ilustrado por las plantas alpinas. Durante la estación de crecimiento, las plantas que crecen en el Monte Kurodake (1984 m, lat. 43, 6°N, long. 143°E) en la provincia de Hokkaido,

Japón, perecen por descensos de —5 °C a —7 °C, y una exposición durante dos semanas en esta época de 0 °C a —3 °C aumenta la resistencia a las heladas sólo ligeramente. Durante el invierno, sin embargo, la gran parte de las plantas soporta temperaturas de —30 °C y algunas, como *Salix pauciflora*, los musgos y los líquenes pueden sobrevivir a temperaturas de —70 °C. El comienzo del desarrollo de la resistencia a la congelación a finales de verano en las especies de *Salix* parece que está relacionado con el desarrollo de las yemas hibernantes, que aparece en momentos diferentes entre las diverses especies, en una época en que la temperatura del aire va en descenso. Una disminución de la resistencia a las heladas ocurre en primavera, tiempo en que la temperatura del aire va en aumento antes de que las nuevas hojas salgan a la luz (fig. 5-1).

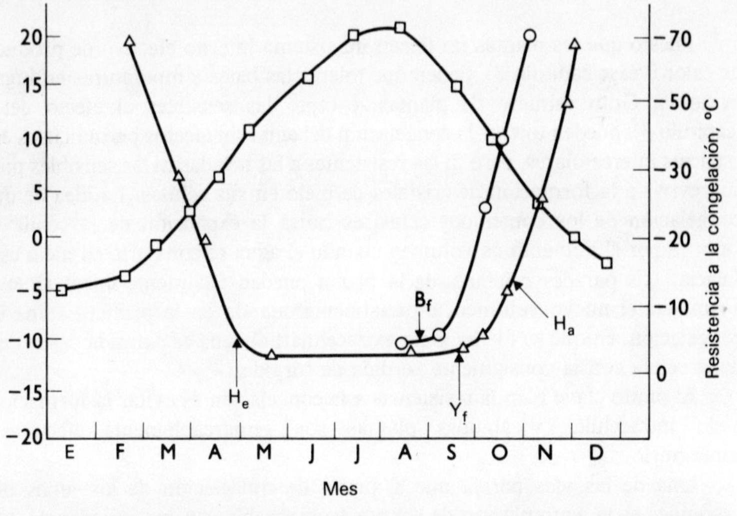

Fig. 5-1 Cambios estacionales de la resistencia a las heladas en *Salix pauciflora* (o———o) y *Salix sachaliensis* (Δ ——— Δ) *en el Mt. Kurodake y la temperatura media del aire* (□———□) a lo largo del año. H_e = las hojas emergen; L_a = las hojas se amarillean; Y_f = se forman las yemas. (Modificado de SAKAI y OTSUKA, 1970.)

Las yemas en reposo de las plantas leñosas son mucho más resistentes a las heladas que las jóvenes hojas en emergencia. Se ha sugerido que las hojas escamosas protectoras de la yema pueden retener el calor generado por las células en la respiración (compárese capítulo 1) y con ello anular cualquier descenso de la temperatura. Sin embargo, las hojas jóvenes en este momento están metabolizando muy activamente y no ha sido posible detectar con termopares ninguna subida significativa de la temperatura como resultado de esa actividad. A pesar de la presencia de las escamas envolventes, el interior de la yema en reposo del castaño de Indias *(Aesculus hippocastanum)* se enfría casi tan aprisa como el aire circundante, cuando la temperatura se hace bajar de 20 °C a —20 °C, y se calienta de nuevo a una velocidad parecida.

Sin embargo, las escamas gemarias pueden ayudar a reducir el enfriamiento que se produce por pérdida de radiación en la noche, y con este objeto las escamas son particularmente efectivas cuando son de color negro como, por ejemplo, en el fresno *(Fraxinus excelsior).*

Las partes subterráneas de las plantas perennes, como raíces, tubérculos y rizomas, son menos susceptibles a los efectos de las heladas que las partes aéreas, en parte debido a una mayor resistencia inherente, y en parte porque las pérdidas de radiación de los órganos subterráneos son mínimas, mientras que además la temperatura del suelo desciende menos aprisa que la del aire.

5.2 Cómo se evitan los daños de la congelación

Puesto que las plantas no tienen un sistema interno efectivo de producción de calor (véase capítulo 3), tienen que tolerar las bajas temperaturas en lugar de evitarlas. Gran número de plantas, excepto las sensibles al efecto del frío (capítulo 3), pueden tolerar la congelación del agua sin efectos perjudiciales en los espacios intercelulares, pero ni las resistentes a las heladas ni las sensibles pueden sobrevivir a la formación de cristales de hielo en sus células. La idea de que la congelación de los contenidos celulares causa la expansión de la célula y su ruptura por el aumento de volumen cuando el agua se convierte en hielo es una falacia. Las paredes celulares de la planta pueden fácilmente distenderse para acomodar el nuevo volumen, especialmente cuando en la primera etapa de la congelación, en que se forma hielo extracelular, el agua es extraída desde dentro de la célula con la consiguiente pérdida de turgidez.

El punto clave para la resistencia a la congelación es evitar la formación de hielo intracelular y algunas plantas son remarcablemente efectivas en conseguirlo.

Una de las vías por la que el punto de congelación de los jugos puede descender es la acumulación de solutos (comparable con los anticongelantes de los radiadores del automóvil). La temperatura, expresada en °C, a la cual se congela en agua (T_C) a presión atmosférica está relacionada con el potencial osmótico (π) en pascales por la fórmula:

$$\pi = \cdot 12{,}22\ T_C$$

Así pues, una solución con un potencial osmótico de —1222kPa (—12,22 bar) tiene un punto de congelación de —1 °C. Como el potencial osmótico del jugo celular de los vegetales raramente desciende de —3000-4000 kPa (—30-40 bar) es evidente que la acumulación de solutos es incapaz de causar un descenso del punto de congelación de más de unos grados e incluso en los halófitos, en los que a menudo hay una elevada concentración de sales en sus jugos (pero que por otra parte no son particularmente aptos para tolerar temperaturas de congelación) un descenso del punto de congelación inferior a —10 °C es impensable.

Hay indicaciones de que las variedades de trigo tolerantes a las heladas tienden a tener una mayor concentración en los jugos, pero tal correlación no se ha encontrado en la cebada. En algunas plantas como la col se ha observado que el potencial osmótico del jugo celular desciende (esto es, se hace más negativo) durante el tratamiento a bajas temperaturas de las plántulas para conferirles resistencia, pero la conservación de patatas a bajas temperaturas lleva a la conversión de almidón en azúcar sin una disminución de la susceptibilidad a las heladas.

En las hojas de hiedra *(Hedera helix)*, las proteínas hidrosolubles del jugo celular aumentan gradualmente desde finales de verano en adelante, pero no hay ningún descenso repentino del potencial osmótico en el momento en que la tolerancia a las heladas aumenta marcadamente en otoño, cosa que sería de esperar si el potencial osmótico tuviera importancia. Recíprocamente, la concentración de los jugos celulares permanece elevada en primavera, hasta momentos después de que haya crecido la sensibilidad al frío. Parece ser, pues, que en varias especies la variación de las concentraciones del jugo celular tiene poca importancia para determinar la resistencia a las heladas.

Una explicación alternativa de la tolerancia a las heladas es la de que en las plantas resistentes hay una mayor proporción de agua ligada a los constituyentes de la célula y no se hiela tan fácilmente como en las plantas sensibles, en donde el agua estaría principalmente en el estado libre.

En los últimos años se ha empleado la técnica de resonancia magnética nuclear (RMN) para estudiar el estado acuoso de los tejidos vegetales. Es una espectroscopia que emplea radiaciones a frecuencias de radio, aprovechando la gran diferencia espectral entre el agua líquida y la ligada o sólida. Sin embargo, los intentos para correlacionar la cantidad de agua incongelable con la resistencia al frío han sido infructuosos. Es bien conocido que aunque el agua pura funde exactamente a 0 °C a presión atmosférica, no se hiela hasta que se alcanza una temperatura algo inferior, es decir, hay un cierto sobreenfriamiento antes de que ocurra la solidificación. El agua permanece en estado líquido hasta que se forma en su seno un "núcleo" de cristal de hielo microscópico, después del cual toda el agua se hiela rápidamente. La temperatura entonces sube por liberarse calor (calor latente de congelación) hasta que se alcanza 0 °C. Agua absolutamente pura en una vasija limpia puede helarse espontáneamente sin que se introduzcan gérmenes cristalinos sólo cuando se alcanzan temperaturas de —40 °C. La presencia de material en suspensión, como partículas de polvo, en el agua causa que la nucleación ocurra a temperaturas mayores, cercanas a 0°C, a las del agua pura.

Algunas plantas resistentes parecen distinguirse de las sensibles por el grado de sobreenfriamiento que se produce antes de formar los cristales. Varios cereales de invierno como el trigo de invierno pueden soportar sobreenfriamientos de hasta —25 °C sin que haya formación de hielo intracelular, y en algunas plantas leñosas no se forman cristales de hielo en las células incluso a temperaturas del nitrógeno líquido (—196 °C). La razón de esta diferencia entre los vegetales no es todavía clara, pero parece ser que está relacionada con un aislamiento más efectivo, en las plantas resistentes, de los cristales de hielo extracelulares. La membrana citoplasmática y la pared celular actúan ambas como barreras, y parece verosímil que la capacidad de la membrana citoplasmática de mantener su estructura a baja temperatura es un hecho importante en la resistencia a las heladas.

En una serie de especies leñosas resistentes como *Buxus* y *Camellia* la formación de cristales se localiza en la hoja en los espacios de entre capas de tejido inmediatas, lo que hace menos probable la aparición en otras partes del vegetal. La marchitez de las hojas frente a las bajas temperaturas, como en *Rhododendron*, parece también aislar los cristales de hielo del contenido intracelular.

Hay una serie de observaciones que parecen indicar que la viscosidad del protoplasma aumenta de acorde con la resistencia al frío. La viscosidad protoplasmática es "estructural" o no newtoniana debido a que el protoplasma no es un líquido simple. SCARTH y LEVITT (1937) observaron que muchas células de vegetales resistentes mostraban una plasmólisis convexa, mientras que las células sensibles mostraban con mayor frecuencia plasmolisis cóncava (fig. 5-2). Atribuyeron el hecho a una diferencia de la consistencia del protoplasma debida a un cambio de la estructura de las proteínas constituyentes. Un posible mecanismo que relaciona la estructura de las proteínas con la resistencia al frío se discute más adelante (5.4).

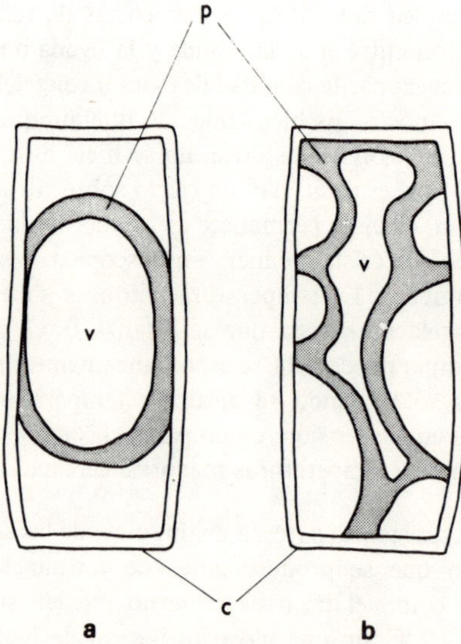

Fig. 5-2 Tipos de plasmolisis: (a) convexa (b) cóncava. c = pared celular; p = protoplasma; v = vacuola. (Según SUTCLIFFE, 1977.)

5.3 Efecto de la tensión mecánica

En base a muchas observaciones y experimentos, el fisiólogo alemán ILJIN (1933) propuso que la tolerancia a la congelación estaba relacionada con la tensión mecánica. Observó que las células se colapsaban a menudo cuando aparecían cristales de hielo extracelulares y concluyó que el protoplasma de tales células sufrían una tensión mecánica que causaba daños. Cualquier factor que reduzca tal tensión durante el congelamiento o descongelamiento sería de esperar que aumentara la resistencia. Cuanto menor sea el tamaño de la célula, mayor será la superficie específica y menor el volumen por unidad de superficie y menor la fuerza que se ejerce sobre él bajo cualquier grado de concentración. De hecho, se ha observado que la resistencia a las heladas está relacionada con un tamaño celular pequeño.

También, cuanto mayor sea la concentración de solutos, menor será la pérdida de agua y, por lo tanto, menor será la contracción y deformación mecánica a cualquier temperatura.

Un aumento en la cantidad de agua de hidratación tendría el mismo efecto. Gran número de observaciones indican que la tolerancia a las bajas temperaturas está directamente relacionada con el reducido grado de contracción celular, resultado de la congelación extracelular.

Otro factor que parece estar relacionado con la resistencia a las heladas es el grado de deshidratación del protoplasma cuando se extrae el agua de la célula. Si el protoplasma se deshidrata, se endurece y es más probable que se dañe por la tensión mecánica. En plantas resistentes, la deshidratación protoplasmática es mínima para una temperatura dada. El ruso TUMANOV (1967) ha sugerido que cuando las células vegetales se hacen resistentes, los contenidos celulares pasan de sol a gel, y esto hace que el protoplasma sea menos propenso al daño por deformación mecánica o deshidratación. Un lento descenso del punto de congelación de la solución en la estructura de gel a medida que aumenta en concentración protege las células de la formación de cristales de hielo. Las sustancias disueltas son consideradas no sólo como un anticongelante, sino como un plastificante del gel. TUMANOV concluye también que hay cambios en la estructura de la membrana citoplasmática que protegen de los daños causados por la deshidratación.

5.4 Hipótesis de Levitt

El fisiólogo vegetal americano J. LEVITT ha propuesto que el daño por congelación es debido a la agregación de proteínas como resultado de la formación de enlaces —S—S— (disulfuro) a partir de los grupos —SH (sulfhidrilo), al unirse las moléculas de proteínas por entrar en contacto unas con otras cuando el protoplasma se deshidrata durante la congelación (fig. 5-3). Las moléculas de proteína sufren entonces un cambio conformacional que conlleva la destrucción de la actividad enzimática o de la integridad membranar. La tolerancia a las bajas temperaturas puede entonces atribuirse a una prevención de los enlaces disulfuro.

La hipótesis de que —SS— ⇌ —SH se basa en la observación de que un aumento del número de grupos proteicos —SS— va acompañado de daño por congelación, pero no se forman cuando la congelación no produce daños. Además, existe una correlación entre el número de —SH de las proteínas en un homogeneizado de tejido y la tolerancia a la congelación. Las proteínas de las plantas tolerantes a las heladas poseen menos grupos —SH y no se oxidan tan rápidamente como en las plantas sensibles.

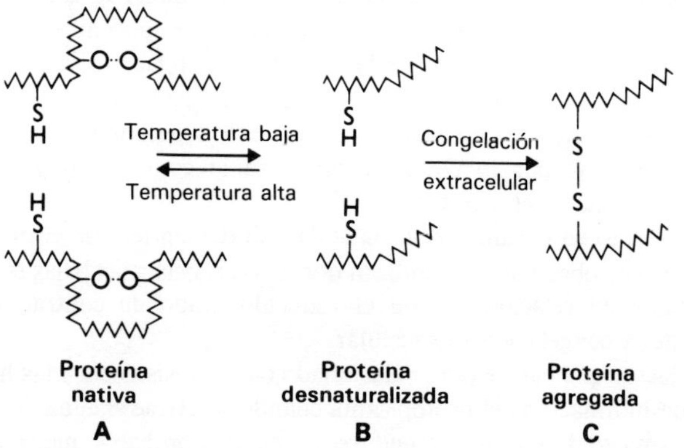

Fig. 5-3 Hipótesis de Levitt. **A-B**, forma en que la temperatura causa una desnaturalización reversible de las proteínas por debilitamiento de las uniones hidrofóbicas (o— — —o). C, la congelación extracelular provoca la deshidratación, el acercamiento de los grupos —SH y la formación de enlaces —S—S— al producirse la agregación. (Modificado de LEVITT, 1969.)

Esta hipótesis explica una serie de características desconcertantes de la resistencia a las heladas, siendo una las relaciones entre crecimiento y sensibilidad a las bajas temperaturas. El crecimiento intenso está asociado con un alto contenido de —SH y también con una sensibilidad al daño por congelación. Naturalmente, cuanto mayor es el número de grupos —SH por unidad de proteína, más difícil debe ser prevenir su oxidación a enlaces intermoleculares —SS— durante la congelación.

La hipótesis ha sido probada en un modelo de gelatina tiolada, el tiogel. El punto de fusión de un gel compuesto de tiogel sube con el incremento del número de enlaces —SS—, por lo que puede servir esto para indicar la formación de enlaces —SS—. Cuando el gel se congela en estado hidratado su punto de fusión sube mucho más rápidamente que cuando se mantiene descongelado. Puesto que el tiogel es una proteína desnaturalizada no puede servir para probar la hipótesis de que la unión intermolecular es seguida de la desnaturalización. Experimentos con proteína nativa, la seroalbúmina bovina (SAB), han confirmado que la proteína nativa con grupos —SS— no se agregaban bajo la deshidratación por congelación, pero las proteínas con —SH sí lo hacían.

En base a tales experimentos con determinadas proteínas como modelos, LEVITT sugiere que los daños por congelación son el resultado de la siguiente cadena de sucesos:

1. La baja temperatura desnaturaliza las proteínas reversiblemente desenmascarando los grupos reactivos —SH.

2. La deshidratación por congelación: a) extrae agua vacuolar produciendo la contracción celular lo que causa una tensión en las proteínas protoplasmáticas activando sus enlaces —SH, y b) extrae agua protoplasmática lo que disminuye la distancia entre las moléculas de proteínas desnaturalizadas reversiblemente.

3. La unión intermolecular debida a la oxidación de grupos —SH con la formación de enlaces —S—S—, ocasiona la agregación de las proteínas de una forma irreversible, matando la célula.

El esquema puede resumirse de la siguiente manera:

$$N \underset{\text{temperatura óptima}}{\overset{\text{temperatura baja}}{\rightleftharpoons}} D \xrightarrow{\text{temperatura baja}} A$$

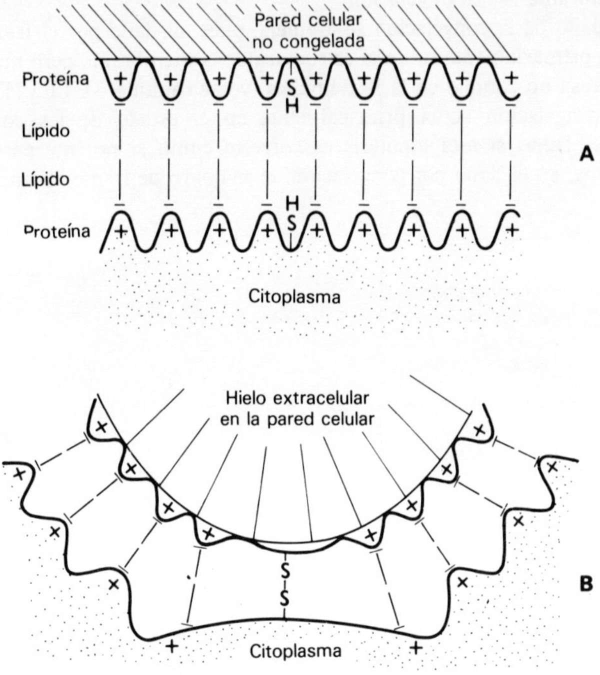

Fig. 5-4 Representación esquemática de un posible mecanismo de agregación proteica en la membrana debida al colapso celular por deshidratación durante la congelación. A, estado normal; B, pared celular colapsada. (Modificado de LEVITT, 1972.)

donde N = proteína nativa; D = proteína desnaturalizada; A = agregado proteico (véase fig. 5-3).

La naturaleza instantánea de la acción nociva de la congelación sugiere que interviene especialmente el malogro de la membrana en lugar de la coagulación de enzimas solubles. Se ha observado que las membranas citoplasmática y mitocondrial de animales y microorganismos poseen gran cantidad de grupos —SH en sus proteínas. Parece verosímil que las proteínas de la membrana se desdoblan a bajas temperaturas por un debilitamiento de los enlaces hidrofóbicos (que son sensibles a la temperatura) haciendo posible en principio la desnaturalización reversible, y luego la agregación irreversible. Esto puede ocasionar la formación de agujeros permeables no lipídicos en la capa lipídica de la membrana citoplasmática. Se supone que al haber congelación extracelular se produce la contracción celular y, por lo tanto, una tensión en la superficie (fig. 5-4).

Cuando la tensión es lo suficientemente fuerte se produce una rotura en la delgada capa lipídica bimolecular y las dos capas proteicas entran en contacto entre sí, y este contacto provoca un enlace covalente a resultas del cual el agujero se hace permanente, lo que conlleva a una extrusión del contenido celular y a la muerte durante la descongelación.

El daño de la congelación se asemeja, pues, al daño por el frío en que el efecto es primariamente sobre la estructura de la membrana, pero mientras que el frío causa un cambio en la fase lipídica (véase capítulo 3), LEVITT propone que la congelación actúa principalmente en el estado de los componentes proteicos. Tanto si esta hipótesis es correcta como si no, me parece que es importante, en el daño por congelación, el malogro de la membrana.

Tolerancia a las altas temperaturas 6

6.1 Plantas termófilas

La mayoría de las plantas, cuando están creciendo activamente, no pueden soportar durante mucho tiempo temperaturas que excedan los 40 °C. Las plantas que pueden tolerar temperaturas superiores son denominadas *termófilas* (amantes del calor), donde se incluyen los habitantes de los desiertos calurosos, los bosques tropicales y fuentes termales. Hay datos de algunas algas cianofíceas que pueden sobrevivir, e incluso crecer, a temperaturas de hasta 93-98 °C, y algunas bacterias termófilas continúan creciendo hasta los 100 °C, muriendo probablemente sólo cuando el agua que contienen se convierte en vapor. La temperatura más alta observada para el crecimiento de una planta superior es de unos 65 °C en una cactácea (*Opuntia* sp.), pero la mayoría de los termófilos no pueden soportar una exposición prolongada a temperaturas superiores a los 55 °C. Se ha observado que la temperatura, a la cual el 50 % de las plantas de unas 39 especies de la costa española perece, oscila entre los 44 °C y 55 °C durante el mes de agosto y septiembre.

En contraste con el relativamente escaso significado del tiempo de exposición en el caso del daño por congelación, el tiempo durante el cual se mantienen las plantas a una alta temperatura es de gran importancia para la supervivencia. En general, la temperatura letal varía inversamente con el tiempo de exposición, y de acuerdo con LEPESCHKIN (1912):

$$T = a - b \log Z$$

donde T es la temperatura letal; Z el tiempo de exposición (en minutos); a y b son constantes que varían para cada especie. Los valores obtenidos con esta ecuación, cuando a = 79,8 y b = 12,8, concuerdan estrechamente con los valores medidos para la temperatura a la cual se produce la coagulación en las células de la hoja de *Tradescantia discolor* (tabla 5).

La relación entre la temperatura letal y el tiempo es exponencial, por lo que la representación de Arrhenius de los logaritmos de tiempo letal y el recíproco de la temperatura absoluta debe dar líneas rectas. Un cambio en la pendiente de la representación gráfica de Arrhenius, en la supervivencia de la planta acuática *Elodea canadensis* (fig. 6-1) a unos 50 °C, indica que hay dos fases distintas durante el daño térmico (compara el daño por frío, capítulo 3).

Tabla 5 Temperatura letal de las células foliares de *Tradescantia discolor* para diferentes tiempos de exposición, determinada mediante observación directa de la coagulación y por cálculo (Según LEPESCHKIN, 1912).

Tiempo de exposición (min)	*Temperatura letal (°C)* *Determinada*	*Calculada*
10	69,6	67,0
25	63,2	62,0
60	57,0	57,1
80	55,7	55,5
100	54,1	54,2

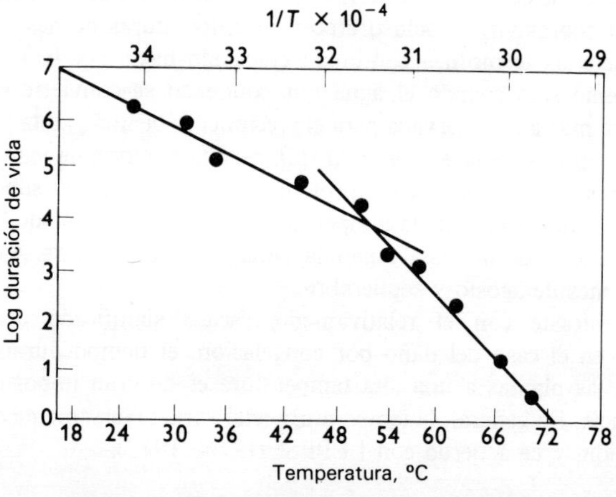

Fig. 6-1 Representación de Arrhenius del tiempo de supervivencia de *Elodes canadiensis* a varias temperaturas. (Según BELEHRRADEK y MELICHAR, 1930.)

6.2 Sensibilidad al efecto del calor

Tal como en la congelación, los tejidos en reposo, en un estado deshidratado, son mucho menos sensibles a la nocividad de las temperaturas elevadas que los vegetales en crecimiento activo.

Mucho termófilos moderados e incluso mesófilos pasan los períodos más calurosos del año en forma de semillas o de órganos vegetativos en reposo como bulbos. Algunas semillas con cubiertas duras que no captan agua fácilmente pueden pasarse por la autoclave a 120 °C durante 30 minutos sin que mueran, pero no aguantan mucho si se malogran las cubiertas seminales. Al captar agua, las semillas pierden su resistencia al calor dramáticamente. Los granos de trigo secos pueden soportar una temperatura de 90 ºC por espacio de hasta 10 minutos, pero después de puestos en remojo durante 24 horas, 60 ºC de temperatura los mata en 1 minuto.

Las plántulas jóvenes son muy sensibles a las altas temperaturas y es la región del tallo o hipocótilo cercano al suelo la más susceptible. En las plantas adultas, el daño térmico en la naturaleza se observa especialmente en los órganos voluminosos como los frutos carnosos, en los troncos de árboles con corteza delgada, en los que el cámbium puede verse afectado por la exposición a una fuerte insolación, pero raramente en las hojas, debido, presumiblemente, al efecto refrigerante de la transpiración. Se ha observado en las plantas que crecen en el desierto del Sáhara que la temperatura foliar sube, por lo común, a pocos grados de la temperatura letal, y algunas especies sobreviven sólo si hay la suficiente agua disponible para mantener las elevadas tasas de transpiración (véase capítulo 2).

En algunos casos aparece un aumento de la tolerancia térmica de las hojas durante los períodos calurosos del año. Se ha dicho que el brezo *Erica tetralix* no podría vivir en las partes más cálidas de Europa sino fuese por un aumento de la tolerancia térmica del tejido foliar de 6-7 ºC durante el verano.

6.3 Causas del daño térmico

6.3.1 Desecación

Una temperatura elevada puede perjudicar a una planta indirectamente provocando su deshidratación. La tasa de transpiración aumenta con el aumento de temperatura debido a un efecto directo sobre el coeficiente de difusión del agua y también porque aparece un aumento del potencial del agua (presión de vapor) según el gradiente entre la planta y el aire circundante (véase SUTCLIFFE, 1977). Si la humedad relativa del aire es del 70 %, puede calcularse que una subida de 5 ºC en la temperatura foliar por encima de la atmosférica doblará la tasa de transpiración. El cierre de los estomas con el fin de conservar el agua sólo puede agravar más la situación por disminuir el efecto refrigerante de la evaporación (véase capítulo 2).

La mayor parte de los vegetales termófilos son xerófitos, es decir, están adaptados morfológica y fisiológicamente para conservar el agua en tiempos de escasez. Esto se consigue mediante adaptaciones tales como cutículas impermeables, suculencia, estomas hundidos que se abren solamente durante la noche. El xerofitismo debe ir acompañado de una gran tolerancia térmica, pues con la reducción de la transpiración, la temperatura de la planta iluminada aumenta inevitablemente; la muerte por calentamiento no es menos decisiva que por desecación.

En las pluviisilvas tropicales el problema es algo diferente pues la transpiración se ve con frecuencia limitada por la elevada humedad y la sequía no es un daño serio. Las intensidades de luz en la copa del bosque son también menores que en los espacios abiertos, y, por lo tanto, el efecto del calentamiento por insolación es reducido. Las temperaturas son mucho más uniformes a lo largo del año y las plantas de las pluviisilvas raramente padecen daños térmicos.

6.3.2 Efectos en el metabolismo

Las altas temperaturas pueden causar daños en la planta por su efecto diferencial en varios procesos metabólicos. Como ya se ha mencionado (pág. 28), la respiración generalmente presenta un óptimo de temperatura superior al de la fotosíntesis, por lo que al subir la temperatura, el equilibrio entre ambos procesos se altera. La temperatura a la cual ambas se desarrollan con la misma tasa se denomina *punto de compensación* (PC). Por encima de esta temperatura la respiración es más rápida que la fotosíntesis y las reservas alimenticias llegan a agotarse, lo que conduce a la inanición y muerte de la planta.

Los termófilos tienen un punto de compensación tan alto que la inanición probablemente no es una causa de perjuicio, incluso a temperaturas próximas a su límite, pero puede ser responsable de una disminución de la tasa de crecimiento y la muerte eventual en algunos mesófilos que crezcan a temperaturas inmediatamente por encima de su PC, especialmente con una baja intensidad de luz. Esto también puede explicar porqué algunas plantas son incapaces de soportar tales temperaturas durante la noche pudiendo durante el día (véase pág. 29).

La rápida respiración inducida por la temperatura alta puede, especialmente durante la noche, conducir a un déficit de oxígeno en el tejido y a la acumulación de productos tóxicos de la respiración anaeróbica. Esto puede explicar el hecho de que la temperatura a la que aparecen síntomas lesivos puede a veces aumentar o el tiempo de exposición necesario para dañar puede prolongarse, aumentando la concentración de oxígeno. En las plántulas de *Pennisetum typhoides,* aparecen niveles tóxicos de amoníaco después de exponerse a 48 °C durante 12-24 horas, indicando que la temperatura alta puede también causar la interrupción del metabolismo del nitrógeno.

Hay evidencia de que la incapacidad de los vegetales para crecer por encima de una temperatura crítica es, a veces, debido a un fallo en la síntesis de un metabolito esencial. Esta lesión bioquímica puede solventarse administrando la sustancia que falta.

Un mutante del hongo *Neurospora crassa,* que puede crecer en un medio estandar sólo hasta los 25 °C, fue inducido a crecer a 35-40 °C administrándole riboflavina en el medio. De forma parecida, el crecimiento de dos razas de la crucífera *Arabidopsis thaliana,* a una temperatura superior al óptimo de 31,5 °C, incrementó cuando se colocaba biotina al medio, mientras que una tercera raza respondía a la citidina (LANGRIDGE y GRIFFING, 1959).

El efecto de la elevada temperatura como causante de una lesión bioquímica puede deberse a un aumento de la tasa de degradación, o a la inhibición de la síntesis, de un constituyente esencial del organismo, sea una vitamina, un enzima o un componente estructural. Habrá daño térmico a la temperatura a la cual la síntesis nueva de la sustancia sea insuficiente para compensar sus pérdidas.

Hay cierta evidencia de que las bacterias termófilas pueden sintetizar varios enzimas más rápidamente a una temperatura dada que los mesófilos. Adicionalmente, se han encontrado una serie de enzimas que son más termoestables cuando se extraen de un termófilo que de un mesófilo. AMELUNXEN y LINS (1968) compararon la tolerancia de temperaturas de once enzimas extraídos de *Bacillus stearo-thermophilus* (termófilo) con los mismos enzimas de *Bacillus cereus* (mesófilo), encontrando que, salvo dos excepciones, los enzimas del primero eran más estables. En cuanto a vegetales superiores, MCNAUGHTON (1966) encontró que en la espadaña *(Typha latifolia)* el enzima malato deshidrogenasa, extraído de las hojas de un ecotipo propio de clima cálido, era mucho más resistente al calentamiento que el mismo enzima extraído de un ecótipo adaptado a climas más fríos. Por otra parte, otros dos enzimas, una transaminasa y una aldolasa, mostraban la misma tolerancia térmica indistintamente del origen. Puede deducirse de tales observaciones que algunos, pero no todos, enzimas en los termófilos son más termoestables que las correspondientes a los mesófilos. Alguno, como por ejemplo la aldolasa de la espadaña, parece ser sensible a la temperatura incluso cuando se extrae de los termófilos, sugiriendo esto que el enzima puede ser más termoestable dentro de la célula que después de la extracción.

Las lesiones pueden ser resultado de una degradación neta de proteínas citoplasmáticas a temperaturas altas. Se ha hallado que el amarilleamiento de algunas hojas (como las de tabaco), que aparece después de una breve exposición a una temperatura de unos 50 ºC, puede prevenirse con un tratamiento con cinetina. Esto se ha atribuido a la estimulación de la síntesis proteica que contrarresta la intensa proteólisis a temperatura alta.

6.3.3 Desnaturalización de las proteínas

Los efectos de las altas temperaturas sobre el metabolismo, discutidos en el apartado 6.3.2 sólo pueden causar lesiones o la muerte después de un cierto tiempo. Sin embargo, a veces la temperatura alta tiene un efecto inmediato sobre el crecimiento o sobre las corrientes protoplasmáticas, por ejemplo. Tales efectos se atribuyen generalmente a una acción directa de la temperatura o de las proteínas estructurales en el citoplasma. ALEXANDROV (1964) encontró que las corrientes citoplasmáticas se detenían a una temperatura inferior a otros procesos celulares y concluyó que las proteínas implicadas en las corrientes protoplasmáticas eran más sensibles a la desnaturalización por el calor que otras proteínas citoplasmáticas. Según LEVITT (1969) la lesión térmica es debida a la desnaturalización proteica a una temperatura alta, seguido de la agregación:

$$N \underset{\text{temperatura óptima}}{\overset{\text{temperatura alta}}{\rightleftharpoons}} D \xrightarrow{\text{temperatura alta}} A$$

donde
N = nativa
D = desnaturalizada
A = moléculas de proteína agregadas

(compárese con los daños por temperatura baja, pág. 51)

Como la fuerza de los enlaces hidrofóbicos aumenta con la temperatura, la desnaturalización debe considerarse como la ruptura de los enlaces hidrofílicos, cuya fuerza no se ve afectada por la temperatura. Los termófilos presentan una mayor proporción de grupos hidrofóbicos que de hidrofílicos en sus proteínas, y esto explicaría su mayor estabilidad a altas temperaturas. La lesión térmica directa debe ser causada por la desnaturalización y agregación de las proteínas de membrana, lo que causa un aumento de la permeabilidad y muerte (compárese fig. 5-4).

6.4 Resistencia al calor

El hecho de que la resistencia térmica varía en las plantas según la estación (véase pág. 44), sugiere que puede conferirse resistencia a los mesófilos exponiéndolos a una temperatura alta, del mismo modo que los psicrófilos pueden adaptarse a soportar bajas temperaturas. Sin embargo, los primeros experimentos diseñados para probar esto dieron los resultados opuestos. La exposición a altas temperaturas subletales durante prolongados períodos de tiempo reducía la tolerancia térmica, mientras que la adaptación a bajas temperaturas la aumentaba. Está ahora claro que este efecto era causado por un agotamiento de las reservas de hidratos de carbono por el tratamiento previo de temperatura alta, y una acumulación de reservas a temperatura baja, lo que podía enmascarar un efecto directo de resistencia. Recientemente, han aparecido una serie de datos indicando que una breve exposición a una temperatura moderadamente alta puede aumentar la resistencia térmica de una planta. Adicionalmente, varios enzimas extraídos de tales plantas resistentes son significativamente más termoestables que las plantas no tratadas. LEVITT cree que la termoadaptación causa un cambio conformacional en las proteínas, con una mayor proporción de enlaces hidrofóbicos y mayor termoestabilidad.

Se ha observado que la termoadaptación no causa tolerancia al frío, sino más bien lo contrario. Esto es de esperar pues cuanto más hidrofóbicas sean las proteínas, menos estables deben ser a bajas temperaturas (véase pág. 49). Por otra parte, cuando la planta se hace resistente al frío en otoño, su tolerancia al calor también aumenta. Esta relación es desconcertante pues la tolerancia al calor no puede tener ningún significado fisiológico durante el invierno. La explicación puede ser que los cambios inducidos por la temperatura baja, que previenen la agregación de proteínas desnaturalizadas, también son útiles a temperaturas altas.

Bibliografía

General

MERYMAN, H.T. (ed.) (1966). *Cryobiology*. Academic Press, New York and London.

ROSE, A.H. (ed.) (1967). *Thermobiology*. Academic Press, New York and London.

Capítulo 1

HALL, J.A. (1953). *Fundamentals of Thermometry*. Institute of Physics. London.

HALL, J.A. (1953). *Practical Thermometry*. Institute oh Physics, London.

JANZEN, D.H. (1975). *Ecology of Plants in the Tropics*. Studies in Biology. No. 58. Edward Arnold, London.

PRUITT, W.O. (in preparation). *Boreal Ecology*. Edward Arnold, London.

TRANQUILLINI, W. (1964). The physiology of plants at high altitudes. *A. Rev. Pl. Physiol.,* 15, 345-60.

Capítulo 2

GATES, D.M. (1962). *Energy Exchange in the Biosphere*. Harper and Row, New York.

GATES, D.M. (1965). Heat transfer in plants, *Scient. Am.,* 213, 76-84.

RASCHKE, K. (1960). Heat transfer between the plant and the environment. *A. Rev. Pl. Physiol.,* 11, 111-26.

Capítulo 3

RAISON, J.K. (1973). The influence of temperature-induced phase changes on the kinetics of respiratory and other membranes-associated enzyme systems. *Bioenergetics,* 4, 285-309.

Capítulo 4

VEGIS, A. (1963). Climatic control of germination, bud-break and dormancy. In: *Environmental Control of Plant Growth*. Ed. L. T. Evans. Academic Press, New York and London, 265-87.

WENT, F.W. (1970). In: *Plant Agriculture,* Readings from *Scientific American*. Freeman, San Francisco, 108-18.

Capítulo 5

BURKE, M.J., GUSTA, L.N., QUANN, H.A., WEISER, C.J. and LI, P.H. (1976). Freezing and injury in plants. *A. Rev. Pl. Physiol.*, 27, 507-28.

OLIEN, C.R. (1967). Freezing stresses and survival. *A. Rev. Pl. Physiol.*, 18, 387-408.

WARREN-WILSON, J. (1966). An analysis of plant growth and its control in arctic conditions. *Ann. Bot.* 30, 383-402.

Capítulo 6

BROCK, T.D. (1967). Life at high temperatures. *Science,* 158, 1012-19.

LANGRIDGE, J. (1963). Biochemical aspects of temperature response. *A. Rev. Pl. Physiol.*, 14, 441-62.

Referencias

ALEXANDROV, V.Y. (1964). Cytophysical and cytoecological investigations of heat resistance of plant cells towards the action of high and low temperature. *Q. Rev. Biol.,* 39, 35-77.

AMELUNXEN, R. and LINS, M. (1968). Comparative thermostability of enzymes from *Bacillus stearothermophilus* and *Bacillus cereus. Archs biochem. Biophys.,* 125, 765-9.

BELEHRADEK, J. and MELICHAR, J. (1930). L'action différente des températures élevées et des températures normales sur la survie de la cellule végétale *(Helodea canadensis Rich.). Biologia Gen.,* 6, 109-24.

BLACKMAN, F.F. (1905). Optima and limiting factors. *Ann. Bot. ICH Series)* 19, 281-95.

BROWN, R. (1953). The effects of temperature on the duration of the different stages of cell division in the root tip. *J. exp. Bot.,* 2, 96-110.

COOPER, A.J. (1973). *Root Temperature and Plant Growth.* Research Review, 4, Commonwealth Bureau of Horticultural and Plantation Crops, East Malling, Kent.

DOWNS, R.J. and HELLMERS, H. (1975). *Environment and Experimental Control of Plant Growth.* Academic Press, London and New York.

GATES, D.M. (1968). Transpiration and leaf temperature. *A. Rev. Pl. Physiol.,* 19, 211-38.

HAAS, P. and HILL, T.G. (1929). *An Introduction to the Chemistry of Plant Products.* Vol. II, *Metabolic Processes.* Longmans, Green, London.

ILJIN, W.S. (1933). Uber den kaltetod der Pflanzen und seine Ursachen. *Protoplasma,* 20, 105-24.

LANGRIDGE, J. and GRIFFING, B. (1959). A study of high temperature lesions in *Arabidopsis thaliana. Aust J. biol. Sci.,* 12, 117-35.

LEMON, E. (1963). Energy and water balance of plant communities. In: *Environmental Control of Plant Growth,* (ed. L.T. Evans). Academic Press, New York and London, 55-78.

LEOPOLD, A.C. and KRIEDEMANN, P.E. (1975). *Plant Growth and Development,* 2nd Edition. McGraw-Hill, New York.

LEPESCHKIN, W.W. (1912). Zur kenntnis der Einwirkung supramaximaler Temperaturen auf die Pflanzen. *Ber. dt. bot. Ges.,* 30, 703-14.

LEVITT, J. (1969). Growth and survival of plants at extremes of temperature—a unified concept. *Soc. exp. Biol. Symp.*, 23, 395-448.

LEVITT, J. (1972). *Responses of Plants to Environmental Stresses.* Academic Press, New York and London.

LYONS, J.M. (1973). Chilling injury in plants. *A. Rev. Pl. Physiol.*, 24, 445-66.

LYONS, J.M. and RAISON, J.K. (1970). Oxidative activity of mitochondria isolated from plant tissues sensitive and resistant to chilling injury. *Pl. Physiol.*, 45, 386-9.

MCNAUGHTON, S.J. (1966). Thermal inactivation properties of enzymes from *Typha latifolia* L. ecotypes. *Pl. Physiol.*, 4, 1736-8.

MINCHIN, A. and SIMON, E.W. (1973). Chilling injury in cucumber leaves in relative to temperature. *J. exp. Bot.*, 24, 1231-5.

PEARSALL, W.H. (1950). *Mountains and Moorlands.* Collins, London.

SAKAI, A. and OTSUKA, K. (1970). Freezing resistance of alpine plants. *Ecology*, 51, 665-71.

SCARTH, G.W. and LEVITT, J. (1937). The frost-hardening mechanism of plant cells. *Pl. Physiol.*, 12, 51-78.

STREET, H.E. and OPIK, H. (1976). *The Physiology of Flowering Plants,* 2nd Edition. Edward Arnold, London.

SUTCLIFFE, J.F. (1977). *Las plantas y el agua,* Cuadernos de Biología. Ediciones Omega, S.A., Barcelona.

SUTCLIFFE, J.F. and BAKER, D.A. (1978). *Las plantas y las sales minerales.* Cuadernos de Biología, Ediciones Omega, S.A., Barcelona.

SWEENEY, B.M. (1969). *Rhythmic Phenomena in Plants.* Academic Press, London and New York.

TANNER, C.B. and LEMON, E.R. (1962). Radiant energy utilized in evapotranspiration. *Agron. J.*, 54, 207-12.

THOMPSON, P.A. (1974). Effects of fluctuating temperatures on germination. *J. exp. Bot.*, 25, 164-75.

TUMANOV, I.I. (1967). Physiological mechanisms of frost resistance of plants. *Fiziologiya Rast.*, 14, 520-39.

VILLIERS, T.A. (1978). *Reposo y supervivencia de las plantas.* Cuadernos de Biología. Ediciones Omega, S.A., Barcelona.

WENT, F.W. (1945). Plant growth under controlled conditions. V. Relation between age, variety and thermoperiodicity of tomatoes. *Am. J. Bot.*, 32, 469-79.

WENT, F.W. (1957). *The Experimental Control of Plant Growth.* Chronica Botanica Co., Waltham, Mass.

De la misma colección

LA VIDA EN EL SUELO, *Richard M. Jackson y Frank Raw*
ECOLOGÍA ENERGÉTICA, *John Phillipson*
MICROECOLOGÍA, *J. L. Cloudsley-Thompson*
EL ESTUDIO DEL COMPORTAMIENTO, *J. D. Carthy*
LOS FLUIDOS CORPORALES Y SUS FUNCIONES, *Garth Chapman*
DIVISIÓN CELULAR Y HERENCIA, *Roger Kemp*
ESTADÍSTICA PARA BIÓLOGOS, *R. E. Parker*
SIMBIOSIS VEGETAL, *George D. Scott*
LAS MEMBRANAS DE LAS CÉLULAS ANIMALES, *A. M. P. Lockwood*
LAS PLANTAS Y EL AGUA, *James Sutcliffe*
CÓMO FUNCIONAN LOS ANIMALES, *Knut Schmidt-Nielsen*
DIFERENCIACIÓN CELULAR, *J. M. Ashworth*
LA BASE CELULAR DEL DESARROLLO, *D. R. Garrod*
LA BIOLOGÍA Y LA INDUSTRIA ALIMENTARIA, *H. R. Barnell*
TEMPERATURA Y VIDA ANIMAL, *Richard N. Hardy*
GENÉTICA Y BIOQUÍMICA, *R. A. Woods*
EL MÚSCULO, *D. R. Wilkie*
ESQUELETOS ANIMALES, *John Currey*
CRECIMIENTO Y DESARROLLO ANIMAL, *David R. Newth*
LA ESTADÍSTICA DE LA INVESTIGACIÓN EXPERIMENTAL, *O. V. S. Heath*
EL CONTROL DE LAS PLAGAS Y SU ECOLOGÍA, *Helmut F. Van Emden*
LA BIOLOGÍA DE LA POLUCIÓN, *K. Mellanby*
SISTEMAS NERVIOSOS, *Peter N. R. Usherwood*
ESTRUCTURA Y FUNCIÓN DE LOS ENZIMAS, *C. H. Wynn*
FOTOSÍNTESIS, *D. O. Hall y K. K. Rao*
CLOROPLASTOS Y MITOCONDRIOS, *Michael Tribe y Peter Whittaker*

CÓMO CRECEN LOS ÁRBOLES, *Philip R. Morey*

HORMONAS REGULADORAS DEL CRECIMIENTO VEGETAL, *Thomas A. Hill*

BIOSÍNTESIS DE RNA, *R. H. Burdon*

BIOSÍNTESIS PROTEICA, *Alan E. Smith*

EL CONOCIMIENTO DE LA QUÍMICA CELULAR, *Geoffrey R. Barker*

BACTERIÓFAGOS, *John Douglas*

INMUNOQUÍMICA, *M. W. Steward*

VIROLOGÍA MOLECULAR, *T. H. Pennington* y *D. A. Richtie*

CITOGENÉTICA VEGETAL, *D. M. Moore*

FUNCIONES DE LAS MEMBRANAS BIOLÓGICAS, *M. Davies*

BIOMECÁNICA, *R. McNeill Alexander*

REGULACIÓN METABÓLICA, *R. M. Denton* y *C. I. Pogson*

ACCIÓN HORMONAL, *A. M. Malkinson*

GENÉTICA DE POBLACIONES, *L. M. Cook*

CONTROL DE LA ACTIVIDAD ENZIMÁTICA, *P. Cohen*

HOMEOSTASIS, *Richard N. Hardy*

EL MICROSCOPIO ELECTRÓNICO EN BIOLOGÍA, *A. V. Grimstone*

LAS PLANTAS Y LAS SALES MINERALES, *J. F. Sutcliffe* y *D. A. Baker*

TRANSLOCACIÓN EN LAS PLANTAS, *Michael Richardson*

REPOSO Y SUPERVIVENCIA DE LAS PLANTAS, *Trevor A. Villiers*

ZOOPLANCTON MARINO, *John H. Wickstead*

FITOCROMO Y CRECIMIENTO VEGETAL, *Richard E. Kendrick* y *Barry Frankland*

INTRODUCCIÓN AL CULTIVO DE TEJIDOS ANIMALES, *J. A. Sharp*

EL CÓDIGO GENÉTICO, *Brian F. C. Clark*

LISOSOMAS, *R. T. Dean*

TAXONOMÍA VEGETAL, *V. H. Heywood*

LAS PLANTAS Y LA TEMPERATURA, *James Sutcliffe*

ANTIBIÓTICOS Y ACCIÓN ANTIMICROBIANA, *Stephen M. Hammond* y *Peter A. Lambert*

FIJACIÓN DEL NITRÓGENO, *John Postgate*

HEMOGLOBINA, *Norman Maclean*

CALOR Y FRÍO, *O. K. Edholm*

